初识茶味

郭丽 主编

黑龙江科学技术出版社
HEILONGJIANG SCIENCE AND TECHNOLOGY PRESS

图书在版编目（CIP）数据

初识茶味 / 郭丽主编 . -- 哈尔滨：黑龙江科学技术出版社，2025.7. -- ISBN 978-7-5719-2830-8

Ⅰ．TS971.21

中国国家版本馆 CIP 数据核字第 2025S88W00 号

初识茶味
CHUSHI CHAWEI

郭　丽　主编

责任编辑	张云艳
出　　版	黑龙江科学技术出版社
地　　址	哈尔滨市南岗区公安街 70-2 号
邮　　编	150007
电　　话	（0451）53642106
网　　址	www.lkcbs.cn

装帧设计 摄影绘图	长沙·楚尧数字科技
策划统筹	陈风

发　　行	全国新华书店
印　　刷	哈尔滨午阳印刷有限公司
开　　本	880 mm×1230 mm　1/32
印　　张	6.75
字　　数	210 千字
版　　次	2025 年 7 月第 1 版
印　　次	2025 年 7 月第 1 次印刷
书　　号	ISBN 978-7-5719-2830-8
定　　价	48.00 元

版权所有，侵权必究

前言

神农尝百草，得茶而解百毒。茶是一种源自古老东方的饮品，在我国被誉为"国饮"，自古以来，茶多被文人墨客当作寄情山水、修身养性的媒介。作为开门七件事之一，饮茶从古至今都是人们日常生活中不可或缺的一部分，客来敬茶也成为待客礼仪中的一项基本要求。

清新雅致的绿茶、醇厚甘甜的红茶、香气高长的乌龙茶、温润如玉的白茶、韵味悠长的黑茶与普洱，每一种茶，都承载着独特的产地风情、不同制作工艺与有趣的历史故事，如同"性格迥异"的友人，等待着与你相遇、相知。

在快节奏的今天，在家泡上一壶好茶，不管是邀三五好友畅叙茶谊，还是悠然自得地自冲自饮，都不失为一种放松身心、纾解压力的好方法。品茶，是一种专属于东方的浪漫。在繁忙的生活中抽出一刻闲暇，泡上一壶好茶，独坐一隅，让茶香袅袅升起，外界的喧嚣仿佛都已远去，只留下茶与你，还有一份难得的宁静与平和。泡茶有法、品茶有道，在家泡茶、品茶虽可随性而为，但拿捏好泡茶的细节，掌握好品茶的要领，更能享受茶的清香醇美。

为了让更多想要了解茶、认识茶、学泡茶的新手尽享泡茶、品茶的乐趣，我们特意编写了本书。本书的编写结合了有趣生动的漫画和通俗易懂的文字，即便是零基础的读者也能轻松踏上饮茶、品茶之路。

　　本书参考了众多古籍经典，如唐代陆羽的《茶经》、宋代蔡襄的《茶录》等，从了解茶知识、茶文化开始，分享一些有趣的茶故事和与茶有关的名人轶事，教读者辨别中国的七大茶类，学习和演示不同茶类的冲泡法，了解不同茶类的选购和储藏技巧，让泡茶之法、品茶之道不再是高高在上、遥不可及的知识，而是以茶入生活。

　　但是，本书所提供的茶知识与技巧仅供参考，读者在实际操作过程中应根据自身情况灵活调整。因茶叶品质、水温、水质等因素，都会导致品茶的效果有所差异。

目录 CONTENTS

part 1 细说渊源：茶的悠悠往事

002　穿越千年的茶历史

005　从古至今饮茶方式的演变

009　"茶"字的由来

010　关于茶的其他称呼

012　那些有趣的茶轶事、茶传说

019　丰富多彩的茶文化

part 2 详解茶性：茶叶知识全知道

042　茶叶的制作流程

045　茶叶的营养成分

046　茶叶的保健功效

048　中国的四大茶区

part 3　好器好茶：泡茶前的准备工作

- 054　选择茶具
- 065　茶叶的选购
- 067　好茶配好水

part 4　"茶之道"：泡茶的方法

- 072　泡茶基本步骤
- 073　泡茶四要素
- 075　日常饮茶的注意事项
- 078　不同茶具的泡茶方法

part 5　中国七大茶类

- 088　绿茶
- 100　红茶
- 114　白茶
- 122　黑茶
- 132　黄茶
- 140　乌龙茶
- 152　花茶

part 6　中国十大名茶

- 166　西湖龙井
- 172　洞庭碧螺春
- 176　祁门红茶
- 180　安溪铁观音
- 184　六安瓜片
- 188　黄山毛峰
- 192　庐山云雾
- 196　武夷岩茶
- 200　君山银针
- 204　信阳毛尖

part 1

细说渊源：
茶的悠悠往事

穿越千年的茶历史

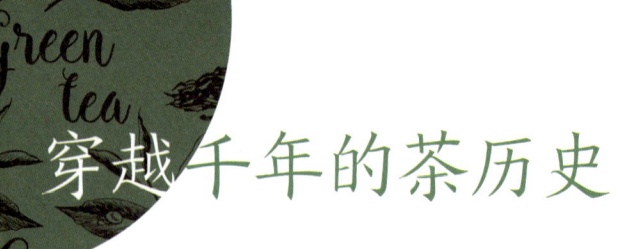

中国是茶叶的故乡，也是茶文化的发源地，中国制茶饮茶已有几千年的历史。我国茶叶最早的文字记载可追溯到公元前2世纪西汉时期，司马相如在《凡将篇》记录了20种药物，其中"荈诧"指的就是茶叶。秦汉时期的《尔雅》中的"槚，苦荼"指的也是茶叶。中华民族的祖先饮茶始于药用，陆羽《茶经》记载："茶之为饮，发乎神农氏，闻于鲁周公。"后来流传日广，逐渐形成风气，到了唐朝，饮茶之风盛行。

秦汉时期的《神农本草经》说："神农尝百草，日遇七十二毒，得荼而解之。""荼"即古代的"茶"。传说神农为了寻找治病的药草，常常深入山林，亲口品尝百草的毒性、寒性和药性。有一次神农误食了一株毒草，顿觉口干舌燥、头沉如铅、乏力至极，于是随便找了一棵茂盛的大树，靠着休息。这时，一阵微风吹过，树上落下几片翠绿的、带有淡淡香气的叶子，神农拣了两片叶子，放进口中咀嚼。接着，一股清香在舌尖绽放，使舌底生津、精神振奋，刚刚的不适也烟消云散。神农重新拾起另外几片叶子，仔细观察。他发现这种叶子的叶形、叶脉、叶缘与其他树木截然不同。神农便采集了一些回去研究，后来将它定名为"茶"，这就是最早的茶传说。

两汉时期：茶文化形成

茶文化形成可以追溯到汉代。当时，茶开始在贵族和文人之间流传，成为一种高雅的享受。人们开始研究茶的种植、采摘、制作和冲泡方法，并形成了一些初步的规矩和礼仪。

三国两晋：茶文化盛行

三国两晋时期，饮茶之风渐盛，并与文化结缘。南北朝佛教的兴起，为茶业的发展创造了条件。寺庙一般坐落在名山之中，其自然条件适宜茶树生长，且有僧侣可做开发山区的劳动力，因此种茶在寺庙附近首先兴盛起来。随着文人饮茶之兴起，有关茶的诗词歌赋日渐问世，茶已经脱离作为一般形态的饮食走入文化圈，起着一定的精神、社会作用。

唐代：《茶经》诞生，茶文化繁荣

进入唐代之后，茶叶生产迅速发展，茶区进一步扩大。随着产茶区域的扩大，饮茶习俗也随之迅速普及。陆羽的《茶经》是中国最早的一部茶文化的百科全书，也是世界上第一部茶文化专著，奠定了中国茶文化的理论基础，是唐代茶文化形成的标志。自《茶经》后，逐渐出现大量茶书、茶诗，有《茶述》《煎茶水记》《采茶记》等。

到了唐代，茶道正式成为一种文化现象，并形成了三大茶道流派：禅宗茶道、儒家茶道和道家茶道。这三大茶道的形成标志着茶文化从物质层面上升到了精神层面。

宋元时期：斗茶之风盛行

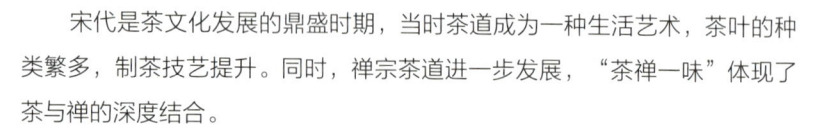

宋代是茶文化发展的鼎盛时期，当时茶道成为一种生活艺术，茶叶的种类繁多，制茶技艺提升。同时，禅宗茶道进一步发展，"茶禅一味"体现了茶与禅的深度结合。

宋代斗茶之风盛行，文人墨客推波助澜，塞外的茶马交易和茶叶对外贸易逐渐兴起。宋太祖赵匡胤在宫廷中设立茶事机关，宫廷用茶已分等级。茶仪已成礼制，赐茶已成皇帝笼络大臣、眷怀亲族的重要手段，还赐给国外使节。在下层社会中，有各种茶文化习俗，如有人迁徙，邻里要"献茶"，有客来要敬"元宝茶"，订婚时要"下茶"等。

元朝时，北方民族虽嗜茶，但不喜宋人繁琐的茶艺，因而简化茶艺，以茶表现自己的苦节，和明朝中期的茶文化形式相近。

明清以后：茶叶出口成为正式行业

明代以后，茶叶的消费群体逐渐扩大，茶馆、茶肆等场所也开始出现，茶叶生产，不论产地、制茶技术、茶叶品种和销售市场，均有较大发展。明末到清初，精细的茶文化出现，这段时间出现了蒸青、炒青、烘青等各种茶类，茶法变为"撮泡法"。不少文人雅士留下了与茶有关的画作，如《烹茶画卷》《品茶图》等。此时茶类增多，泡茶的技艺有别，茶具的款式、质地、花纹千姿百态。

清代是茶叶发展的鼎盛时期，茶书、茶事、茶诗不计其数。清朝茶叶出口成为重要的贸易方式，茶叶也成了世界范围内的重要商品。随着茶叶经济的发展，茶文化也逐渐呈现多元化发展的态势。各地纷纷形成了具有地方特色的茶文化和茶道，如潮汕的"功夫茶"、藏区的"酥油茶"等。

从古至今
饮茶方式的演变

茶并不是一开始就以"喝"的形式出现在人们生活中的。茶是从食用开始的，人们发现茶树叶有解渴、提神和治疗疾病的效果，就把茶树的叶片煮成菜羹来食用，随着对茶叶功效认识的深入，食用慢慢发展为药用和饮用。

关于"吃茶"的文字记载，可追溯到三国时期的书籍《广雅》，书中记载吃茶流程是先将茶饼烘烤，捣成碎末，再用沸水冲开，然后加入葱、姜、橘子皮，还可能加入茱萸、枣、薄荷等。

在陆羽的《茶经》之前，"吃茶"约等于吃茶粥，《茶经》记载："婴相齐景公时，食脱粟之饭，炙三弋五卵，茗菜而已。""茗菜"就是用茶叶做成的菜羹。汉时壶居士在《食忌》上说："苦茶久食，羽化。与韭同食，令人体重。"也就是以茶作菜；晋代时，用茶叶煮食称为"茗粥"或"茗菜"。我国西南边境的基诺族至今仍保留食用茶树青叶的习惯，傣族、哈尼族、景颇族等则有把鲜叶加工成"竹筒茶"当菜吃的传统。

茶药性的发现是茶发展为饮品的重要条件。东汉至魏晋南北朝时期，许多典籍描述了茶的药性，如《神农本草经》记载："茶味苦，饮之使人益思、少卧、轻身、明目。"表明了茶叶能有利于思维清晰、身体轻快，还有明目、提神的功效；南北朝任昉《述异记》记述："巴东有真香茗，煎服，令人不眠，能诵无忘。"表明了茶叶的提神功效。

明清之际著名学者顾炎武在《日知录》中说："自秦人取蜀而后，始有茗饮之事。"秦人取蜀是在秦惠文王更元九年，也就是战国中期，那时开始有饮茶的习俗。从西周至秦，中原地区饮茶的人还很少，茶主要当祭品、菜食和药用；西汉时期，茶从羹饮逐渐演变成纯粹的饮品了。

秦汉：药用煮茶

饮茶历史起源于西汉时的巴蜀之地。从西汉到三国时期，在巴蜀之外，茶是仅供贵族享用的珍稀之品。汉魏六朝时期关于茶的文字记载较少，《桐君采药录》记载："巴东郡有真香茗，煎饮，令人不眠。"这一时期的饮茶更多的是利用其药用价值。主要饮茶方式是煮茶，也就是将新鲜的采摘下来，放入锅中熬煮成羹汤，然后盛到碗内饮用。当时还没有专门的煮茶、饮茶器具，大多是用鼎或釜来煮茶。

魏晋时期：制茶饼

魏晋南北朝时期，饮茶的风气渐渐形成，南方普遍种植茶树，茶区逐渐扩大。《华阳国志·巴志》中说："其地产茶，用来纳贡。"茶开始流行于以王室贵族为代表的上层社会，并且成为文人墨客吟咏、赞颂和抒发情怀的对象。煮饮法依然是主要的饮茶方式，但相比之前更讲究方法和技巧，具有一定的礼仪、礼数和规矩，但仍保留着以茶为粥或以茶为药的特征。先采摘茶树的老叶，将其制成茶饼，再把茶饼在火上烤至变色，然后将茶饼捣成细末，最后浇以少量米汤固化。

唐代：首创煎茶法

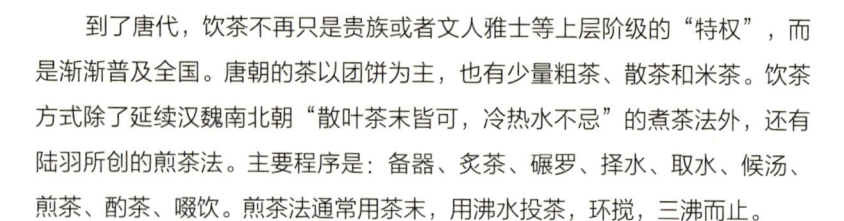

到了唐代，饮茶不再只是贵族或者文人雅士等上层阶级的"特权"，而是渐渐普及全国。唐朝的茶以团饼为主，也有少量粗茶、散茶和米茶。饮茶方式除了延续汉魏南北朝"散叶茶末皆可，冷热水不忌"的煮茶法外，还有陆羽所创的煎茶法。主要程序是：备器、炙茶、碾罗、择水、取水、候汤、煎茶、酌茶、啜饮。煎茶法通常用茶末，用沸水投茶，环搅，三沸而止。

宋代：盛行"点茶"

饮茶的风气在宋代达到鼎盛，这个时期宫廷茶文化盛行，不但王公贵族经常举行茶宴，皇帝也以贡茶宴请群臣。宫中设有专门的茶事机关，赏赐茶饮成为表彰大臣的一种方式。在民间，饮茶也成为百姓生活中的日常活动之一。宋朝前期，茶以片茶（即茶团、茶饼）为主；后期，散茶取代片茶占据主导地位。

在饮茶方式上，除了继承隋唐时期的煎、煮茶法外，又兴起了点茶法。为了评比茶质的优劣和点茶技艺的高低，宋代盛行"斗茶"，斗茶时所用的技法就是点茶法。点茶法是先将饼茶碾碎，置茶盏中待用，以釜烧水，微沸初漾时，先在茶叶碗里注入少量沸水调成糊状，然后再注入适量沸水，边注边用茶筅搅动，使茶末上浮，产生泡沫，类似于现在的手冲咖啡。

宋代使用的茶末要先把茶叶制作成茶饼茶团，再在冲泡中使用，制作起来耗费时力。到了元朝，就被官方以杜绝浪费为理由禁止了。不过点茶法的思维却发扬至海外，日本人将点茶法带回国，并逐渐在茶道中发展出了"抹茶"。

点茶步骤

01
02
03
04
05
06
07
08

元明："撮泡"法兴起

元朝泡茶多用末茶，还加入了米面、麦面、酥油等作料；明代的细茗，则不加作料，直接投茶入瓯。到了明朝，茶叶的加工方法和饮茶方式趋于简化，朱元璋正式废除团饼茶，提倡饮用散茶。散茶用沸水冲开，称为"撮泡"，这种泡茶方式就是我们现在泡茶方式的先驱。文人雅士开创了"焚香伴茗"的品茶方式，即在品茶时在室内焚上淡雅沉香。

清朝：工夫茶盛行

清朝时期，包含育苗移植、插枝繁殖、压条繁殖等在内的多种新型茶树种植和茶叶生产加工技术开始出现。既能品茗饮茶兼饮食，还能听书赏戏的茶馆也渐渐兴盛起来。

之前人们更喜欢"调饮法"，也就是在茶汤中加入糖、盐等调味品或者牛奶、蜂蜜、果酱、干果等配料，而到了清朝，"清饮法"更加流行。所谓清饮法是指茶中不加任何调料，只单纯饮茶汤。此时"工夫茶艺"也逐渐完善。工夫茶艺，是为适应茶叶撮泡的需要，经过文人雅士的加工提炼而成的品茶技艺。

"茶"字的由来

在古代史料中，表示茶的字有很多个，"其字，或从草，或从木，或草木并。其名，一曰茶，二曰槚，三曰蔎，四曰茗，五曰荈"。《魏王花木志》中说："茶，叶似栀子，可煮为饮。其老叶谓之荈，嫩叶谓之茗。"

茶　槚　蔎　茗　荈　鲜

在唐代之前，"茶"字一般写作"荼"，其间也用过其他字形，到了陈隋之际，出现了"茶"字，改变了原来的字形和读音，多在民间流行使用。直到中唐以后，唐代陆羽《茶经》之后，"茶"字才逐渐流传开来，成为官方的统一称谓。

"茶"字有多种含义，易发生误解。"茶"是形声字，"艹"字头说明它是草本植物，但实际上茶树是木本植物。

《尔雅·释木》中，最开始用"槚（jiǎ），苦荼"字来代表茶树，但"槚"的原义是指楸、梓之类树木，用来指茶树容易引起误解。所以，在"槚"的基础上，又造出一个"搽（chá）"字，用来代替原先的"槚"和"荼"。

茶传到国外后，世界各国最初对茶的称呼都是从中国对外贸易所在地，如广东、福建等地区的"茶"方言音译而来的。因茶叶输出地区发音有区别，各国的"茶"字读音也随之不同，大致可分为依北方音"cha"和厦门音"te"两大系统。

印度	chai
土耳其	cay/chay
英国、美国	tea
法国	the
意大利	te

关于茶的其他称呼

"苦口师"

晚唐著名诗人皮日休之子皮光业,容仪俊秀,气质倜傥,如神仙中人,自幼聪慧,十岁能作诗文,颇有其父风范。

有一天,皮光业的表兄弟设宴,请他品赏新柑。皮光业一进门,急呼要茶喝。于是,侍者只好捧上一大瓯茶汤,皮光业手持茶碗,即兴吟道:"未见甘心氏,先迎苦口师。"此后,茶就有了"苦口师"的雅号。

"涤烦子"

唐朝人认为茶可以洗去心中的烦恼,生津止渴。唐代诗人施肩吾的诗句中写道:"茶为涤烦子,酒为忘忧君。"因此,茶有了"涤烦子"之称。

"消毒臣"

"消毒臣"出自唐朝《中朝故事》:据说,唐武宗时宰相李德裕说天柱峰茶可以消酒肉毒,曾命人煮该茶一瓯,浇于肉食内,用银盒密封,过了一段时间打开,里面的肉化为了水,因而人们称茶为"消毒臣"。唐代曹邺饮茶诗写道:"消毒岂称臣,德真功亦真。"

"漏影春"

漏影春是一种流行于宋代的玩茶方法。宋代陶榖《清异录》记载:先用绣纸剪出镂空的艺术形状,铺在茶盏中,撒上茶粉后取出绣纸。再用其他的食材摆出一张精美的茶画,观赏之后用沸水激荡冲饮。因此,在那段时间,茶也被唤作"漏影春"。

"水厄"

南北朝时期,有个叫王蒙的士大夫,此人极爱饮茶,凡从他门前经过的人,都会被请进去喝茶,不喜欢喝茶的人有苦难言,又怕得罪了主人,只好皱着眉头喝。久而久之,士大夫们一听到"王蒙有请",便打趣道:"今日又要遭水厄了!"因此,茶也被戏称为"水厄"。

"不夜侯"

"不夜侯"的称呼,出自西晋张华的《博物志》:"饮真茶,令人少眠,故茶美称不夜侯,美其功也。"意思是喝了茶水之后,能减少困意,提神醒脑,用"不夜侯"表达茶的功效。胡峤根据此作诗道:"沾牙旧姓余甘氏,破睡当封不夜侯。"

"嘉木"

陆羽《茶经》中称茶叶为:"茶者,南方之嘉木也。"

"鸟嘴"

唐代郑谷《峡中尝茶》:"吴僧漫说鸦山好,蜀叟休夸鸟嘴香。"

"云华"

"深夜数瓯唯柏叶,清晨一器是云华",出自唐代皮日休的《寒日书斋即事》。

"琼液"

"初能燥金饼,渐见乾琼液",出自唐代皮日休的《茶中杂咏·茶焙》。

那些有趣的茶轶事、茶传说

卢仝的"七碗茶歌"

卢仝,是唐代的诗人,他十分爱喝茶,在品尝完友人谏议大夫孟简所赠新茶之后,将饮茶感受写成《走笔谢孟谏议寄新茶》一文,直抒胸臆,一气呵成,脍炙人口,被后世称为"七碗茶歌"。

> 一碗喉吻润,二碗破孤闷。
> 三碗搜枯肠,唯有文字五千卷。
> 四碗发轻汗,平生不平事,尽向毛孔散。
> 五碗肌骨清,六碗通仙灵。
> 七碗吃不得也,唯觉两腋习习清风生。
> 蓬莱山,在何处?玉川子,乘此清风欲归去。
> 山上群仙司下土,地位清高隔风雨。
> 安得知百万亿苍生命,堕在巅崖受辛苦。
> 便为谏议问苍生,到头还得苏息否?

统观全文,能感受到卢仝对于友人所赠新茶的欣喜珍爱之情,还叙述了煮茶和饮茶的感受,因为茶味好,所以一连饮用了七碗。

卢仝的"七碗茶歌"对于茶文化的传播、推动高雅品茶,起到了推波助澜的作用,宋代以后逐渐成为吟唱茶的典故。

乾隆与西湖茶诗

乾隆皇帝爱写诗,他留下的诗稿中,以茶为主题的诗便有不少。历史记载,乾隆曾六次"南巡"杭州,其中有四次去过杭州的西湖茶区,足以表现出乾隆对茶的喜爱。

《观采茶作歌》(节选)
火前嫩,火后老,惟有骑火品最好。
西湖龙井旧擅名,适来试一观其道。

第一次:乾隆十六年,乾隆来到天竺,观看过炒茶过程后,写下了《观采茶作歌》一诗。

《观采茶作歌》(节选)
云栖取近跋山路,都非吏备清跸处。
无事回避出采茶,相将男妇实劳劬。

第二次:乾隆二十二年,乾隆在云栖写下了另一首《观采茶作歌》。

第三次:乾隆二十七年,乾隆到了龙井,品尝到了使用泉水烹煎的龙井茶,留下两首茶诗。(《初游龙井志怀三十韵》篇幅较长,读者可自行搜索)

《坐龙井上烹茶偶成》
龙井新茶龙井泉,一家风味称烹煎。
寸芽生自烂石上,时节焙成谷雨前。
何必凤团夸御茗,聊因雀舌润心莲。
呼之欲出辨才在,笑我依然文字禅。

第四次:乾隆三十年,由于三年前品尝过的龙井茶过于难以忘怀,他再次游览了龙井,写下《再游龙井》一诗。

《再游龙井》
清跸重听龙井泉,明将归辔启华旃。
问山得路宜晴后,汲水烹茶正雨前。
入目景光真迅尔,向人花木似依然。
斯诚佳矣予无梦,天姥那希李谪仙。

贡茶得官

北宋徽宗时期，斗茶盛行，"上有所好，下必甚焉"。为了满足皇帝和达官贵族，贡茶的征收名目越来越多，制作越来越新奇。

《苕溪渔隐丛话》记载，宣和二年，漕臣郑可简创制了一种新茶，以"银丝水芽"制成"方寸新"。这种团茶色如白雪，故名为"龙园胜雪"。郑可简即因此升官，升至福建路转运使。

后来，郑可简又命他的侄子千里到各地山谷中搜集名茶奇品，千里后来发现了一种叫作"朱草"的名茶，郑可简便将"朱草"拿来，让自己的儿子待问去进贡。于是，他的儿子待问也因贡茶有功而得了官职。当时有人讥讽他们父子"父贵因茶白，儿荣为草朱"。

"茶祖"诸葛亮

相传，诸葛亮带兵南征时，行至云南的南糯山。由于水土不服，许多士兵患了眼病，无法行军作战。诸葛亮就拿起一根拐杖，插在南糯山石头寨的石头上，那根拐杖转眼长成一棵茶树，长出郁郁葱葱的茶叶。士兵们将摘下的茶叶煮水喝，眼病竟然治好了。于是诸葛亮被尊称为"茶祖"。

现在石头寨旁的那座茶叶山被称作"孔明山"，山上的茶树被称为"孔明树"。每当诸葛亮生日那天，本地百姓都要饮茶赏月，放"孔明灯"，以纪念"茶祖"诸葛亮。

其实，云南是世界茶叶之乡，在诸葛亮出生以前，就早已有茶树，但当地人热爱诸葛亮，信奉孔明先生，便将此发明茶叶的传说安在他头上。

奶茶的发明者

相传唐代文成公主和亲入藏后生活很不习惯，每天喝的都是牛羊奶，水土不服，难以下咽，但不吃不喝又不行。于是她想出了一个办法，先喝半杯奶，再喝半杯茶，就感觉习惯了些许，肠胃舒服了许多。有天早晨，她直接把茶汁掺入奶中一起喝，发觉茶奶混合的味道比单一的奶或茶更好。

此后，她不仅早晨喝奶时要加茶，就连平时喝茶也喜欢加些奶和糖，这就诞生了最初的奶茶。藏族同胞沿袭成习，形成了如今的"奶茶"。

岳飞与姜盐茶

岳飞是南宋抗金的著名将军。传说南宋绍兴五年，岳飞奉命带兵南下剿匪——洞庭湖匪首杨幺。由于岳家军多来自中原，进入江南后很多士兵出现水土不服的症状——腹胀、呕吐、腹泻、乏力、全身浮肿等，几乎难以正常作战。当地长者带着茶叶、姜、盐、黄豆、芝麻进营，教他们调饮的方法。岳飞服后，顿觉满口生津、全身舒畅，随即下令用大锅煮茶，全军共饮。几天后，全军将士痊愈，一举歼灭杨幺。

此茶名为姜盐茶，又被称为"岳飞茶"，之后很快在百姓间流传开来，至今在湘阴的家庭中仍然可见。

唐伯虎与茶谜

唐伯虎喜欢以谜会友。有一日，好友祝枝山来到唐伯虎的书斋，让唐伯虎出题猜谜，唐伯虎笑着说："我这里正好做了一道四字谜，你要是猜不出，恕不接待！"谜面是：

"言对青山青又青，两人土上说原因；三人牵牛缺只角，草木之中有一人。"

不到一会儿，祝枝山便得意地敲了敲茶几说："倒茶来！"于是唐伯虎将祝枝山请到太师椅旁坐下，又示意家童上茶。原来这个谜底正是"请坐，奉茶"。

"君不可一日无茶也！"

乾隆就是古代皇帝中极为出名的一位爱茶之君，他一生以茶为伴，关于茶的轶事趣闻不少，其中有一则关于他85岁让位时的趣闻，流传甚广。

乾隆退位当太上皇之时，一位老臣进言："国不可一日无君！"乾隆听后哈哈大笑，然后幽默地回复："君不可一日无茶也！"既展现了天子的幽默机智，也反映出乾隆对茶的喜爱。

乾隆与龙井虾仁

据说，有一年清明，乾隆皇帝微服私访到江南，当他来到西湖龙井茶乡时，天公不作美，忽下大雨，无奈只能到一户村里人家避雨。主人将新采的西湖龙井用山泉水冲泡，并置于炭火上烧制，沏茶呈上。此茶香馥味醇，乾隆非常喜欢，便想带一点回去，但又不好开口，于是偷偷抓了一把，藏于便服内的龙袍里。

待雨过天晴告别村人，直到日落，乾隆在西湖边一家小酒肆入座，点了几个菜，其中一道菜是炒虾仁。点好菜后他忽然想起带来的龙井茶叶，于是他一边叫店小二，一边撩起便服取茶。小二接茶时看到乾隆的龙袍露出一角，吓了一跳，赶紧跑进厨房告诉店主。店主此时正在炒虾仁，一听圣上驾到，大惊失色，惊慌失措下把小二拿进来的西湖龙井茶叶当成葱段撒在了炒好的虾仁中。

这盘菜端上桌，清香扑鼻，乾隆尝了一口，顿觉鲜嫩可口，仔细一看，盘中龙井翠绿欲滴、虾仁白嫩晶莹，禁不住连声称赞："好菜！好菜！"从此这道菜便流传下来，成为杭州名菜。

苏东坡与茶联

相传苏东坡在一次出游时,走到一座古庙前,打算休息一会儿。庙中主事的老道见苏东坡相貌普通、衣着简朴,便对他态度冷淡,说了一声:"坐。"又对道童说了句:"茶。"

等到苏东坡坐下,二人交谈之后,老道才惊觉苏东坡才学过人,于是把苏东坡带到厢房中,客气地说道:"请坐。"并对道童说:"敬茶。"

经过一番深入交谈,老道才知道原来对方是著名诗人苏东坡,顿时肃然起敬,连忙说道:"请上座。"又喊小道童:"敬香茶。"苏东坡休息片刻,准备告别离去,老道连忙请苏东坡题写对联留念。于是苏东坡挥笔写道:"坐请坐请上坐,茶敬茶敬香茶。"老道看完后,顿时面红耳赤,羞愧不已。

蒲松龄茶摊搜奇闻

《聊斋志异》中各种神仙狐鬼魅故事,其实和茶有密不可分的关系。

康熙初年,蒲松龄在一棵老槐树下摆茶摊,茶摊上放着一缸粗茶和几只粗瓷大碗。奇怪的是,茶摊上还摆着笔墨纸砚。原来蒲松龄摆茶摊,是为了以茶换"故事",他依靠这种方式,搜集了许多奇闻轶事。

他将茶摊设置在路口树荫下,来往的行人歇脚,边喝茶边闲聊,"说者无意,听者有心",蒲松龄从中捕捉到许多意想不到的精彩故事,甚至还定了个"规矩",来往行人只要能说出一个故事,就可以不收茶钱。因此很多行人茶客在茶摊上分享各种奇闻怪事,有人为了免茶钱,会随口瞎编上几句乡里趣闻,但蒲松龄依旧认真听取,一一笑纳,茶钱分文不收。久而久之,蒲松龄收集的故事和素材越来越多,这些故事激发了他的灵感,于是成就了《聊斋志异》。这就是《聊斋志异》和茶的有趣关系。

以茶代酒

现代的以茶代酒，既表示了尊重，也代表健康的含义，因为喝酒过多伤身伤心，而喝茶有利于身体健康。

而最早的"以茶代酒"起源于三国鼎立的东吴，据《三国志·吴志·韦曜传》记载：吴国的第四代国君孙皓，嗜好饮酒，每次设宴，无论赴宴人是谁，来客都至少饮酒七升，所有人都要不醉不归。但是大臣韦曜酒量不好，若不遵守规定饮酒，则大不敬。于是每次韦曜赴宴的时候，孙皓就"密赐茶荈以代酒"，授意把他面前的酒换成茶，既保全了君臣的颜面，又不破坏规矩。这便是"以茶代酒"的最早记载。

"三生汤"

据说，三生汤起源于东汉建武年间的一个盛夏，东汉的伏波将军马援奉命进击武陵，攻打蛮寇，途经乌头村时，将士染上瘟疫，病倒了数百人，马援自己也没有幸免。

他下令在山边的石洞休整，派士兵去外面寻医问药。当地的一位老太太献出了祖传的"三生汤"秘方，用生米、生姜、生茶叶在擂钵中捣碎，开水冲兑汤服，将士们每日当茶饮用，染病的逐渐痊愈。

之后，"三生汤"广泛流传于民间，直到现在，土家族人也一直保留着喝擂茶的习惯。在凤凰古城，土家族擂茶更是和镇城之宝姜糖、血粑鸭一起被称为"凤凰三宝"。

丰富多彩的茶文化

北京大碗茶

　　以前，大碗茶的喝法分为两种：一种是成茶，大瓦壶里有提前煮好的茶，客人来了随喝随倒；另一种是煎茶，客人来了以后，把茶叶投入小一点的瓦壶中，然后冲泡，现喝现沏。在早些年间的老北京，大街小巷中常常能见到挑着担子叫卖大碗茶的小商贩，扁担一头筐子里装着大瓦壶，另一头放着几只大粗碗，还挎着小板凳和小桌子。有买家来，就摆上桌椅板凳，抓上一大把茶叶末子，倒满开水，这就是"大碗茶"。后来，北京大碗茶常常以茶摊或者茶亭的形式出现，让过往行人解渴小憩。

　　在娱乐项目匮乏、信息闭塞的年代，喝大碗茶是一种社交和娱乐的方式。清朝时，北京随处可见各种茶楼、茶园、茶馆售卖大碗茶，茶客中有相当一部分人是八旗子弟。当时最主要的军事力量是八旗子弟，为了确保政府兵力充足，所有的八旗子弟都不能离开八旗独自谋生，因此他们整日在北京城里遛鸟闲逛、喝大碗茶，茶馆也就自然成为这些人经常光顾的地方。

　　由于大碗茶贴近社会、贴近生活、贴近百姓，并没有沉入历史的长河中，反而被保留了下来。现在一些老茶馆还有这样的大碗茶，已成为北京民俗文化的名片。

成都盖碗茶

盖碗茶是蜀中地区,也就是四川成都等地颇具代表性的茶文化,不仅茶楼、茶馆等饮茶场所中用盖碗饮茶,一般家庭待客,也常用盖碗饮茶。

盖碗茶,是由成都最先创制的一种特产茶饮。盖碗茶分为三个部分,包括茶碗、茶盖和茶托。茶托因为形状似船,又叫茶船。

盖碗茶历史悠久,相传起源于唐代,唐朝李匡文《资暇集》记载:"建中蜀相崔宁之女以茶杯无衬,病其熨指,取楪子承之,既啜而杯倾,乃以蜡环楪子之央,其杯遂定。即命匠以漆环代蜡,进于蜀相。蜀相奇之,为制名而话于宾亲。人人为便,用于代是。"建中(780—783)是唐德宗年号,崔宁是当时的西川节度使兼成都府尹。盖碗茶是崔宁之女发明的改良形式,由于以前的茶杯没有衬底,所以经常烫伤手指,崔宁之女便用木盘子来承托茶杯,同时为了防止茶杯倾倒,她用蜡将木盘中央环上一圈,使杯子便于固定。后来这种饮茶方式逐步流行起来,遍及南方。

所谓的"茶船文化",其实就是盖碗茶文化。

在饮用盖碗茶时,一手提碗,一手握盖,用碗盖顺碗口由里向外刮几下,一来可以刮去茶汤面上的漂浮物,二来可以使茶叶和添加物的汁水相融,然后以盖半覆,吸吮饮茶。

茶客饮茶有讲究，卖茶伙计斟茶也是有技巧的，讲求热水水柱临空而降，泻入茶碗，翻腾有声，须臾之间，戛然而止，茶水恰与碗口平齐，无一滴溢出，算得上是一种艺术享受。

盖碗茶衍生出了一些饮茶讲究：

加水！

茶盖放在桌面，或茶盖在茶碗的侧面上下放置，表示茶杯已空，需要续水。

有人！

茶盖正扣在茶碗上，茶托摆放在座椅上，或茶盖上放一片树叶，表示茶客临时离开，其他茶客看到便不会侵占座位。

喝完了，收桌子

将茶盖倒扣在茶碗中，表示已经喝完了准备走人，店家可以收拾桌面。

南浔"三道茶"

江南的风俗茶,以流行于南浔的"三道茶"较具代表性。当地生活节奏慢,民风和善,十分好客,四时佳节,或走亲访友,主人家会端上"三道茶"招待宾客。南浔"三道茶"分别是风枵(xiāo)汤、熏豆茶和清茶。

第一道茶是甜茶,叫作风枵汤,也称"风枵茶""待帝茶"等。"枵"原指布的丝缕稀疏而薄,明朝宋应星《天工开物》记载:"又有蕉纱,乃闽中取芭蕉皮析缉为之,轻细之甚,值贱而质枵,不可为衣也。"风枵茶是选糯米制成薄薄的白色锅巴片,加糖泡制而成的甜汤。在制作过程中,糯米饭摊得轻薄如纸,风都吹得动,加之色白如云,因此称为"风枵"。

第二道茶是咸茶,称作熏豆茶,湖州方言里,"熏豆"也叫"青豆","喝茶"唤作"吃茶"。茶中食材有熏豆、胡萝卜干、橘皮丝、白芝麻、桂花等,丰富多彩,多用精致的骨瓷小碎花碗。冲泡熏豆茶,通常用三指捏少许嫩茶叶,投入玻璃杯中,再放入烘熏豆、丁香萝卜干、拌了白芝麻的橘子皮,也有的加淡盐渍桂花、姜片、扁尖和香豆腐干等。然后将沸水居高下冲,用筷子在茶汤里转圈搅拌几下,一碗五彩缤纷的熏豆茶就完成了。

据说大禹时代,一位名作防风氏的人在江南治水,老百姓用橘皮和野芝麻泡茶为他祛湿祛寒,并且献上当地的烘青豆。防风氏性急,将豆子倒入茶里一块吃下,从此熏豆茶就这样流传下来了,成为吃茶的一种传统。

第三道是清茶,也称为"淡水茶"。通常选用当地的名茶加水冲泡,如西湖龙井、安吉白茶、长兴顾渚紫笋等,也有农家手工炒制的自制茶。清茶就是绿茶,第三道茶寓意着"四季常青"。

青海熬茶

中国自古以来就是茶的故乡，但是在古代并不是所有地方都产茶，例如受地域限制的西部地区。好在茶马古道从青海穿境而来，形成了特殊的青海熬茶。

由于边疆民族以牛肉、羊肉、奶制品为主，蔬菜较少，喝茶可消食去腻，又可补充人体所需的多种维生素和微量元素。在青海这片高原地带，人们不喜欢喝绿茶、红茶，而是喜欢用铜壶、铝壶熬制颜色蜡黄但黏稠香甜的熬茶。

青海人把煮茶叫熬茶，多选用茯茶，颜色深红且呈油脂状，茶叶色泽黄褐、味道微咸并有花椒的香味，茶中闪烁金黄色雪花。煮茶时加入青盐、花椒，青海人还有句顺口溜："茶没盐，水一般。"讲究一点的还要加入枸杞、桂圆、红枣、盐、花椒等，用文火熬制直到浓香四溢。茶中的配料使茶上泛着油脂的光亮，味道别具一格。

制作熬茶时，在茶汤中加盐，被青海人称为"清茶"，加入牛奶熬制就是"奶茶"，不同的人有不同的口味喜好，所以青海熬茶也有不同的风味。

青海熬茶不仅仅用于解渴，它还是吃饭时的一种佐餐饮品，除了品尝茶味还有解油腻、助消化的功效。

吴屯：女人的"喝"茶文化

人们喝茶一般只看重茶礼仪、茶器具，很少有男女之分，但我国茶俗众多，武夷山的吴屯有妇女专属的茶俗。

此项茶俗流传近千年，最初是妇女在忙完家务的闲暇时间到邻里街坊家串门聊天，聊久了，主人就会泡上茶叶，边喝边聊，久而久之就形成了"女人的喝茶文化"。村里妇女轮流做东设茶宴，男子不可进入，只有女性才有资格入席。

茶宴的最大特色不是品茶，也不是饮茶，而是"喝"茶。茶宴没有太多繁文缛节，不用精致小巧的茶杯，也不用上好的紫砂茶具，而是用饭碗大口畅饮。对茶叶的选择也很随意，通常会用山茶来冲泡饮用。先将山茶简单炒青后，泡在大壶里作为"茶娘"，给各位茶客倒茶的时候，先在碗里倒上六七分白开水，然后再倒入"茶娘"就可以喝了。

与此同时，做东的妇女借茶宴的机会展示自己的手艺和热情，做出好菜，捧出好茶。就地取材，精心挑选，用自家产的食材亲手制作小菜，例如豆渣饼、南瓜干、咸笋干、花生、黄豆等，还有南瓜干、卤豆腐等茶食。

随着社会的发展，武夷山的茶宴也逐渐丰富起来，但以茶代酒，相互敬茶的习俗并没有改变。农村的女性不仅有更多的机会走出家门，还能增进感情，发挥"妇委会"的调解功能，促进和睦的邻里关系。这是武夷山人民和谐生活的真实写照。

周庄阿婆茶

阿婆茶，是周庄的传统饮茶风俗，有着"未吃阿婆茶，不算到周庄"的说法。阿婆茶并不是什么连锁店，也不是什么秘法，而是昆山人喝茶方式的统称。村里的阿婆聚在一起拉家常，围坐在农家客堂里或廊棚里，桌上放有咸菜苋、萝卜干、九酥豆等自制土特产，边喝茶边拉家常，嘴不闲、手不停，这就叫吃"阿婆茶"。久而久之就成为周庄的风俗礼仪，形成了一种特有的民俗风情。

吃阿婆茶是很有讲究的，重视水质、茶点。泡茶用的水一定要用活水，清晨早早起床，去河边提水，因为清晨的水质最好，倒入缸中沉淀，中午前开始烧水。煮水的水壶则是铜吊，炉子是用稻草和河泥特制的风炉，用松树枝加上秸秆做燃料煮茶。煮茶时，盛水的器皿需要瓦罐，还需要用烂泥与稻柴和在一起涂在风炉上，这样煮出来的茶，色、香、味更加精妙。冲茶时必先点茶酿，后冲满杯子，表示真诚待客；喝茶时，主人先在桌上放上几碟小吃,作为佐茶菜,阿婆茶至少要喝"三开"(即冲三次开水)客人才能离席,以示礼貌。

随着时代的变迁,阿婆茶也有了变化,各种新型灶具代替了泥风炉,茶点也越来越丰富。原本用来促进邻里和睦、增进朋友情谊的阿婆茶,还承担起周庄"文化名片"的作用。

羊城"吃早茶"

广州又被称为羊城,广州早茶的起源可以追溯到咸丰同治年间。当时广州有一家名为"一厘馆"的馆子,门口挂着写有"茶话"二字的木牌,供应茶水糕点,设施简陋,以几张木桌木凳迎客,供路人歇脚谈话。后来规模渐大,变成茶居、茶楼,上茶楼喝早茶也渐渐成为广州的风俗。

早茶以红茶为主,暖胃去腻,利于消化。喝早茶的同时配上美味的点心,称为"吃早茶",茶点主要分为干湿两种,干点有酥点、饺子、包子等,用料考究,制作精良,湿点则有粥类、豆腐花等,口味浓郁。

在茶楼中吃早茶,一家人围坐在一起,边吃边聊;或是三五好友相约,泡上一壶茶,聊上一早上、一下午;再或者工作时也能边吃早茶,边商讨业务。既能拉近人际关系,又能体现生活品质。

昆明九道茶

　　九道茶因饮茶有九道程序而得名，一般用于家庭接待宾客。接待宾客时，要求环境整洁和美观，墙上有字画，讲究佳茗配美泉，准备名茶给客人挑选，同时更需要讲究泡茶工序，做到茶、水、火、器"四合其美"。

赏茶 ● 选上几种名茶，将茶叶置于小盘中，请宾客观形、察色、闻香，简要介绍产地和品质特点，或有关典故，然后请客人点茶。

洁具 ● 九道茶冲泡以紫砂茶具为主，用开水清洗茶具，提高茶具温度的同时还利于茶叶内含物质浸出。

根据所用茶壶的大小，通常按照1:50的茶水比例，将茶叶投入壶中待泡。 ● **置茶**

将事先烧开的热水迅速冲入壶内，一般以冲到茶壶容量的六七分满为止。 ● **泡茶**

浸茶 ● 注水后加盖稍微摇动，静置闷泡5分钟左右，让茶汁慢慢浸出溶解于茶汤中。

匀茶 ● 将盖子揭开，再向壶内注入开水，将泡茶冲水时留下的三四分空间填满。匀茶时注水要从高处落下，让茶壶中的茶汤通过高冲使茶叶上下翻滚和左右旋转，使壶中茶水浓淡相宜。

将小茶杯一字排开，先从左到右再从右到左，分两次斟茶，使茶汤浓淡均匀，七八分满即可，各杯茶之间的茶水容量要一致。 ● **斟茶**

由主人双手捧茶盘，按照长幼辈分，依次敬茶，以表示对茶客的尊敬。 ● **敬茶**

品茶 ● 先细闻茶香，再观茶色，最后将茶汤徐徐送入口中，品尝其滋味。

绍兴四时茶俗

元宝茶　　大年初一这一天，人们待客都会选用"元宝茶"。在过年喜庆团圆的节日氛围里，泡茶不用茶末，而是选择叶面完整的好茶，并在茶壶中加一颗金橘或青橄榄，象征着发财的"元宝"。有些人家还会在茶杯上贴上红纸元宝，寓意招财进宝，同时配上茶食，如花生瓜子、金糖、"什锦盒"装的十色糕点等来招待客人。

明前茶　　明前茶又叫作"仙茶"，以凸显其名贵，喝明前茶被绍兴人视为一种福气。明清时期，"明前仙茶"是绍兴的主要贡品之一，又被称为贡茶。

　　明前仙茶多用在清明前采摘茶树最新吐出的新芽，通常只有一芽一叶。因此明前茶的售价很高，数量很少。如果在产茶区，就着溪流净水，用松枝、松针做燃料，取紫铜壶煮水，紫砂壶泡茶，静静等待，芽叶舒展，香味浓郁，茶色碧绿清莹，茶香沁人，连泡六七次，仍能保存良好茶味。

端午茶　　端午茶是绍兴人不可缺少的"时令茶"。端午节，绍兴习俗除了吃端午粽外，中午还会在餐桌上摆上"五黄"，即黄鱼、黄鳝、黄瓜、黄梅和雄黄酒。雄黄酒就是白酒中撒上雄黄，酒烈性热，饮雄黄酒后会感觉全身燥热，这时就需要喝上一杯时令茶解酒。人多的家庭，会泡一茶缸浓茶以供饮用或解酒。

盂兰盆茶　　到了七月半的中元节，绍兴有给鬼魂过节的习俗。家家户户都会在天井放置7~9碗茶水，供过往鬼魂饮用，名为"盂兰盆茶"。这段时间也会请人表演"目莲戏"，戏台旁边备好"青蒿茶"，供看客饮用。

潮汕工夫茶

潮州工夫茶是我国悠久的传统茶文化中极具代表性的茶道之一，距今已有千年的历史。潮州是一个既产茶叶又产茶器的区域，长期交融形成了独特的工夫茶文化。

潮汕地区的人们，几乎每家都有煮工夫茶的茶具。圆形的茶盘上，无论几人，只放三个茶杯，围放形成一个品字，有"品茶、品德、品人生"之意。潮汕人一天会喝上几次工夫茶，相较于其他茶，工夫茶更"浓"、更苦涩。茶叶以乌龙茶为主，其中，凤凰茶泡出来的茶汤颜色深，近似于棕色，耐冲泡。

工夫茶不仅选茶独特，其冲泡也是很有讲究的，主要步骤有泥炉生火、榄炭煮水、开水热罐、甘泉洗茶、壶盖刮沫、淋盖追热、烫杯滚杯、"关公巡城"、"韩信点兵"等多个环节。

"关公巡城"：将茶杯并围在一起，以冲罐穿梭巡回于茶杯之间，直至每杯均达七分满时停止。

"韩信点兵"：将茶壶或者盖碗中的最后数滴茶汤，一点一抬头滴入几个小茶杯里。

藏族酥油茶

西藏地处高寒地区,藏族同胞大部分以游牧为生,多食乳酪,又少蔬菜,而茶能生津止渴,还能补充微量元素,溶解脂肪、助消化,预防当地常见病,维系身体水分平衡与日常的新陈代谢。因此,茶不仅是他们的日常饮料,更是被视为神圣之物,有"一日无茶则滞,三日无茶则病"之说。

酥油茶是藏族同胞日常生活中必喝的饮料,藏语称"甲脉儿"。酥油茶是用酥油和浓茶混合在一起,将适量的酥油置入专门的桶中,撒上食盐,同时灌入熬煮后的浓茶,并且用特制的棍子来回搅拌,让两者融为一体,通常与藏族传统食物糌粑搭配在一起食用。

酥油茶的待客之道

当客人来到家中并落座后,主人会放一个茶杯在客人前面,拿起酥油茶的茶壶来回摇晃,接着将酥油茶倒入客人的茶杯里。

此时客人不能马上喝酥油茶,得先同主人聊天。等聊到一定程度后,主人便会再次提着茶壶来到客人的面前,这时客人便可端起杯子,先将杯中的油花吹散,接着再喝上一口。饮用一半后把杯子放回桌上,主人会继续将其灌满。杯中的酥油茶不能喝干,要留下点漂浮物在杯中,这样才符合藏族人民的礼节。"酥油茶"文化贯穿在藏族人民的茶会、婚宴、节日当中。

回族罐罐茶

回族有喝罐罐茶的习俗,茶叶主要用"陕青茶"或者是砖茶。"陕青茶"是陕西绿茶的统称。

砖茶是以优质黑毛茶为原料,经发酵和发花工艺制成,汤如琥珀,滋味醇厚,香气纯正。数百年来,砖茶成为西北各族人民的生活必需品,被誉为"中国古丝绸之路上神秘之茶""西北少数民族生命之茶"。

回族有句古民谣:"好喝莫过罐罐茶,火塘烤香锅塌塌,客来茶叶加油炒,熬茶的罐罐鸡蛋大。"茶既是回族人民的传统饮料,也是设席待客的珍贵饮品。倘若亲朋进门,他们就会一同围坐在火塘边,一边熬煮罐罐茶,一边烘烤马铃薯、麦饼之类,边喝茶,边嚼香食。

罐罐茶的制作方法:

器具:火塘、茶叶、陶瓦茶罐、茶盅、茶盘。

① 先把柴火或炭火生旺,再将带提耳、寸把长的瓦罐煨到小炉上。

② 瓦罐烧热时,冲进适量清水入罐,随着"滋"的一声冒出一缕青烟,用三指捏进一撮茶叶,边煮边拌,使茶汁充分漫出。

③ 煮 2~3 分钟,再向罐内加水至八分满,直到罐中的茶汤再次煮沸,即可将茶汤倒入杯中饮用。

④ 向罐中续水再煮,一罐茶一般续水三次,熬三滚三沸。

布朗族酸茶

布朗族居住的地方多气候湿热，喜食酸、辣、香、凉、生的食物，不仅喜食酸鱼、酸菜、酸笋，而且喜欢饮用一种独具民族与地区特色的饮料——酸茶，这是布朗族招待贵客或作为礼物互相馈赠的一种腌菜茶。

布朗族善于制茶，每年四五月，布朗族人会采集茶树上较粗老的叶子，放在开水中煮大约一小时，等茶叶完全熟软后捞出，放进竹筒中，一边加水，一边舂茶叶，使茶叶和水互相融合。然后用芭蕉叶将竹筒密封，再加湿土放置一天后，把竹筒埋进土里，至少等30天，就可以取出饮用。

除了酸茶，布朗族人的竹筒茶也别具特色。他们将采回的嫩毛尖放进锅里炒干，趁热装入带盖的竹筒，放在火塘边烘烤，待竹筒的表皮烤成焦状、冒出香气时注入滚烫的开水，制成喷香可口的竹筒茶，竹筒茶是布朗族人待客的上品。

布朗族还保留着以茶入药、以茶入食的古老食俗，其中"茶请柬"（布朗语称为"恩膏勉"）是传递布朗族社会重大活动信息的一种重要礼仪。"茶请柬"用芭蕉叶包着一小包茶叶和两支蜡条，用竹篾捆成。凡是接到"茶请柬"的人，必须按时参加活动。如寺庙的重大宗教活动以及家里娶新娘、嫁姑娘等。

裕固族"甩头茶"

"甩头茶"又称炒面茶、酥油奶茶，是裕固族特有的一种茶，盛行于甘肃肃南裕固族地区。因喝茶时须用嘴吹，还得左右摆头而得名。

把茯茶或砖茶捣碎，放进凉水锅，根据需要放草果、姜片等。在熬制好的砖茶汁中，调入炒面、鲜奶、曲拉（奶渣）、酥油、奶酪皮等作料和茴香、姜粉等香料，反复搅动，把煮沸的奶茶倒入碗中即成。

开水冲入后，化开的酥油呈金黄色，如同盖子盖住碗面。酥油浮在奶茶上面，因为太烫，茶碗要从左至右不断转动，下口时必须左右摆头，反复吹开酥油才能喝，故称饮"甩头茶"或"摆头茶"。

裕固族待客的习俗需用"甩头茶"为客人接风洗尘。客人喝甩头茶时，须吃净碗底的曲拉，表示已经喝够，否则主人便会不停地给客人添茶。

腾冲雷响茶

腾冲的雷响茶与马帮文化有紧密关系。马帮来往于丝绸之路，除了交易的货物，马帮所驮之物少不得两样：团茶，也称屋椽茶，以及碗窑煨茶罐。

每当马帮歇脚之时，伙计们便会拿出团茶、茶罐，就着火塘，装上水，架起五雷火，把水烧沸。然后将茶罐放在炭火上烤热，撮一把米放入罐中抖动，待米烤黄发出醇香时，放入适量团茶，茶叶慢慢膨胀变黄，待茶香四溢时，迅速冲入沸水，随之放入一小块烧红的食盐，飞盐遇水，罐内发出闷雷似的响声，随着声响，兑入开水，将茶汤倒进茶碗和杯中。赶上秋天银杏果刚好成熟的时机，还可以烤上一盘银杏果，搭配清香的雷响茶，滋味美妙。

这种茶最初称为"赶马茶"，后来改称为"雷响茶"。这声闷响，像炸响的春雷，寓意生活美满安康、财源茂盛、六畜兴旺、驮运顺畅。冲茶的声响越大越响亮，就越吉利。

炭烤茶叶、糯米是雷响茶的重要步骤，要仔细观察，并不时抖动，以保证茶叶和糯米能均匀受热，能烤得焦黄，又不至于烤焦烤糊。经过土罐炭烤的茶叶与糯米带着一股炭木的烟火之气，有一种浓郁的焦香。

飞盐遇水，发出"轰隆隆"似闷雷的声响。

基诺族凉拌茶

基诺族是一个保持母系社会传统文化最悠久的民族,很早就懂得饮茶,祖祖辈辈除了拿茶做饮料之外,还把茶叶当作食品,并且发明了不同的制法和吃法。

凉拌茶是基诺族最具特色的茶文化遗产之一,基诺语称"拉拨批皮",味道清凉咸辣,爽口清香。以现采的茶树鲜嫩新叶为主料,用手稍加搓揉,揉碎后放在碗内。再将新鲜的黄果叶揉碎,辣椒、大蒜切细,一起放入碗中,投入食盐。最后,加上少许泉水搅匀,静置一刻钟左右,即可食用。

基诺族是热情好客的民族,每当客人到来都会邀请客人品尝具有民族特色的"凉拌茶"。

凉拌茶还有另外一种做法:先烧一锅开水,将茶树一芽二叶的鲜叶放入开水中稍烫片刻,随后将茶叶捞入小盆中,放入盐、辣椒、味精等作料,拌匀后即可食用。

凉拌茶有消暑止泻、消食开胃、提神醒脑的功效,口感涩中带酸,一直以来都受到基诺族人的喜爱。

土家族擂茶

土家族人口主要分布在湖南湘西、湖北恩施和重庆一些地方。他们至今仍然有吃擂茶的习惯。擂茶,别名"三生汤",是指从茶树采下的新鲜茶叶、生姜和生米三种生原料,擂茶是由这三种生原料烹煮而成的。

如今的擂茶原料有所不同,除茶叶外,还配有炒熟的花生、芝麻、米花,调料还会加些食盐、胡椒粉。把茶和各种作料放在特制的陶擂钵内,将木擂棍放入其中不停旋转、搅打,使原料相互融合,再取出倾入茶碗,用沸水冲泡,即调成擂茶。

擂茶的制作亦有所改进,通常将炸得金黄色的芝麻、炒得油亮的花生拌进茉莉花茶,再加上雪亮的白砂糖,拌匀擂碎,然后冲入沸水。

土家族认为"三生汤"是充饥解渴的食物,也是祛邪的良药,"一生二、二生三、三生万物",宾客和朋友到访,当地人会用擂茶招待,以示尊敬。许多场合还会配上美味可口的茶食,既有"以茶代酒"之意,又有"以茶作点"之美。

白族三道茶

三道茶，是大理白族人民的一种茶文化，无论是逢年过节、生辰寿诞，还是男婚女嫁、拜师学艺，白族人都喜欢用"一苦、二甜、三回味"三道茶招待宾客。茶的滋味不同，所用原料和蕴含的意义也不一样。

① 第一道"苦茶"

取一只砂罐放置在火上烘烤，将沱茶茶叶放入其中烘烤，并不停地转动砂罐，使茶叶受热均匀，等罐中茶叶色泽由绿转黄且发出焦香时，向砂罐中注入已经烧沸的开水，再将少许茶汤倒入杯中。这道茶经烘烤煮沸而成，色泽如琥珀，茶香扑鼻，喝下去滋味苦涩，因此称为"苦茶"。

② 第二道"甜茶"

喝完第一道茶后，主人会在小砂罐中重新烤茶，在茶杯或小碗中放上大理特产乳扇片、红糖、核桃仁等配料，冲茶至八分满时，敬给客人。这道茶甜中带香，口感特别，因此称为糖茶或甜茶。

③ 第三道"回味茶"

第三道茶就是将"甜茶"的配料换成肉桂末、蜂蜜、姜片、花椒等。客人喝茶时要一边晃动茶杯，使茶汤和作料均匀混合，一边"呼呼"作响，趁热饮下。此茶喝起来回味无穷，甜、酸、苦、辣各味俱全，象征着人生百态，因此被称为"回味茶"。

纳西族"龙虎斗"

纳西族，主要聚居于云南丽江，部分散居在香格里拉、维西、宁蒗等地，是一个有着悠久文化传统、嗜茶爱茶的民族。不仅流传着"油茶""糖茶""盐巴茶"等饮茶风俗，还有一种富有神奇色彩的"龙虎斗"茶。

"龙虎斗"，纳西语中称为"阿吉勒烤"，用茶和酒冲泡调和而成，茶和酒好似龙和虎，两者相冲，即为"龙虎斗"。

调制"龙虎斗"：

- 用水壶将水烧开，取一小撮晒青绿茶放入陶罐中，用铁钳夹住陶罐在火塘上烘烤。为避免茶叶烤焦，要不断地转动陶罐，使之受热均匀。

- 待茶叶发出焦香时，冲入沸水，在火塘上继续熬煮3～5分钟，使茶汤更为浓稠。

- 准备茶盅，倒入半盅自酿的米酒或苞谷酒，用火将酒点燃，火焰呈现蓝紫色，然后将茶水冲入盛有酒的茶盅内（顺序不可改变）。

茶倒入酒中，茶盅会发出"啪啪"的响声，纳西族将此看作吉祥的征兆，响声过后，茶香与酒香交织在一起，沁人心脾，有提神、解乏、解表散寒的功效。

有些伤风的人会在茶中放入辣椒或花椒，它能祛寒解表，是防治风寒感冒的良药。"龙虎斗"茶对于常年居住于高湿闷热环境中的纳西族人来说，是一种不可或缺的功能茶饮。

维吾尔族香茶

居住于新疆天山以南的维吾尔族，主食为面粉烤制的馕饼，又香又脆，常与香茶伴食。他们认为，香茶有养胃提神的作用。

南疆维吾尔族喝香茶，与早、中、晚三餐同时进行，通常是一边吃馕，一边喝茶。这种饮茶方式，不仅把茶当成饮料，还把它当成一种配食的汤水。

制作香茶：

- 先将茯砖茶敲碎成小块状，在长颈壶内加水至七八分满。

- 加热至沸腾时，抓一把碎块砖茶投入壶中。

- 再次沸腾约5分钟，将准备好的姜、桂皮、胡椒等细末香料放进茶水中，轻轻搅拌3~5分钟。

- 为防止倒茶时茶渣、香料混入茶汤，长颈壶上会套一个过滤网。

国外茶俗

茶始于中国，传播于全世界，在全世界范围内越来越流行。饮茶也成为各国不同民族人民的日常习惯，不同的民族风情，其茶俗也不相同。

印度"舔茶" 马萨拉茶的制作很简单，就是在红茶的茶汤中加入姜和小豆蔻，但喝茶方式与我国有些不同，不是把茶倒在茶杯中小口慢饮，而是把茶倒在盘子中，用舌头舔饮，因此这种喝茶方法又叫作舔茶。

欧洲国家下午茶

法国人喜欢加有香料的高香红茶；英国人喜欢传统红茶加糖或柠檬，至今还保留着喝下午茶的传统。喝茶既是一种休闲方式，也是他们的社交活动。

缅甸和泰国"嚼茶"

缅甸和泰国流行的"嚼茶"极具特色，具体的食用方法是，首先将茶树的嫩叶蒸一下，然后再用盐腌，最后拌上少许盐和其他作料，放在口中嚼食。

马里人饭后喝茶

马里人喜欢饭后喝茶，他们将茶壶放在泥炉上，加入茶叶和水煮开，再加上糖，每人斟一杯。马里人煮茶的方式也与其他国家不同，他们习惯每天起床后就用锡罐烧水，同时将茶叶放入壶中，任其煎煮，直到同时煮的肉烧熟，才会将锡罐取下，吃肉喝茶。这与新加坡、马来西亚的肉骨茶有异曲同工之处。

嗜甜的埃及

埃及人待客，常常会端上一杯放有很多白糖的热茶，这样的甜茶只喝上两三杯，嘴里就会感觉到黏糊糊的，甚至会影响食欲，不想吃饭。

北非清爽茶

北非人喝茶时，喜欢在绿茶中放上几片新鲜的薄荷叶和少许冰糖，饮茶时口感清凉爽口。如果有客人来拜访，客人要将主人敬的三杯茶全部喝完，才算表示尊敬和礼貌。

南美马黛茶

在南美的许多国家，尤其是阿根廷，人们都喜欢喝是茶非茶的马黛茶。将马黛树的叶子制成茶，用来冲泡，茶汤既能提神，又具有助消化的功效。

加拿大的别致泡茶法

加拿大人泡茶的方法比较别致，他们习惯将陶壶烫热，放入茶叶，将沸水倒入壶中，浸泡七八分钟，再将茶叶倒入另外一个热壶中供饮，还会习惯性加入乳酪和糖。

伊拉克"望糖饮茶"

在西亚的土耳其、伊拉克等国，人们偏爱煮滚热饮，而且只喝红茶，不喝绿茶。伊拉克人常常煮很浓的红茶，茶汤色黑，味道苦涩，所以有些伊拉克人在喝茶前会舔一下白糖，再喝一口茶；有的人会把糖罐放在茶杯前，"望糖饮茶"，以解茶苦。

part 2

详解茶性：
茶叶知识全知道

茶叶的制作流程

从茶树上翠绿的叶子,到形态各异、清香浓郁的干茶,经历了许多道复杂繁琐的制作过程。

采摘

茶树一年可生长4~6轮芽叶,此时即为采茶时节,一般采收嫩芽和嫩叶,根据茶叶的不同可有一芽一叶、一芽二叶、一芽三叶的不同选择。采收方式有人工采收和机器采收两种。采摘过程中若损伤到茶叶,会降低茶叶的品质,因此市面上高级茶叶多是人工方式采收的。

萎凋

萎凋是指将鲜叶通过日照或增加空气流通的方法,使之失去部分水分,从而变软、变色,同时使空气进入茶叶细胞内部,为发酵做好准备。萎凋的处理关系到成茶品质,若失水过快,会导致茶叶味道淡薄;若失水不足,叶内积水,会导致茶有苦涩味。

发酵

发酵是茶叶细胞经外力作用破损后,在空气中发生氧化作用,茶叶细胞内的多酚类化合物在酶的催化作用下,生成茶黄素、茶红素等氧化产物的过程。发酵的程度不同,茶叶的风味也不同，因此有不发酵茶（绿茶）、部分发酵茶（乌龙茶）、全发酵茶（红茶）的区别。

杀青

杀青是用高温将茶叶炒熟（炒青）或蒸熟（蒸青）的过程。高温会破坏发酵过程中酶的活性，使发酵过程停止，从而控制茶叶的发酵程度。如果只做不发酵茶，即绿茶，则可以在萎凋后直接杀青。杀青能够消除茶鲜叶中的青臭味，逐渐生成茶叶的香气。

揉捻

揉捻是通过人工或机器使茶叶卷曲紧缩的过程。揉捻的压力可以使叶片内的汁液渗出，附着于茶叶表面。揉捻的手法有压、抓、拍、团、搓、揉、扎等，可制成片状、条形、针形、球形等。

干燥

根据操作方式的不同，干燥可分为炒干、烘干、晒干三种。茶叶经过干燥后可终止其进一步发酵，使茶叶的体积进一步收缩，便于保存。传统的干燥方式主要靠锅炒、日晒，现在大多使用机器烘干。干燥后的茶叶即称为"初制茶"或"毛茶"。

精制、加工、包装

精制是对初制茶的进一步筛选分类，包括筛分、剪切、拔梗、覆火、风选等程序，并将其依照品质来分级。加工包括焙火、窨花等，可以形成茶叶独特的风味和香气。焙火分为轻火、中火、重火三种，窨花常用的花朵为茉莉、桂花、珠兰、菊花等。加工后的茶叶经过包装，有利于储存、运输和销售。

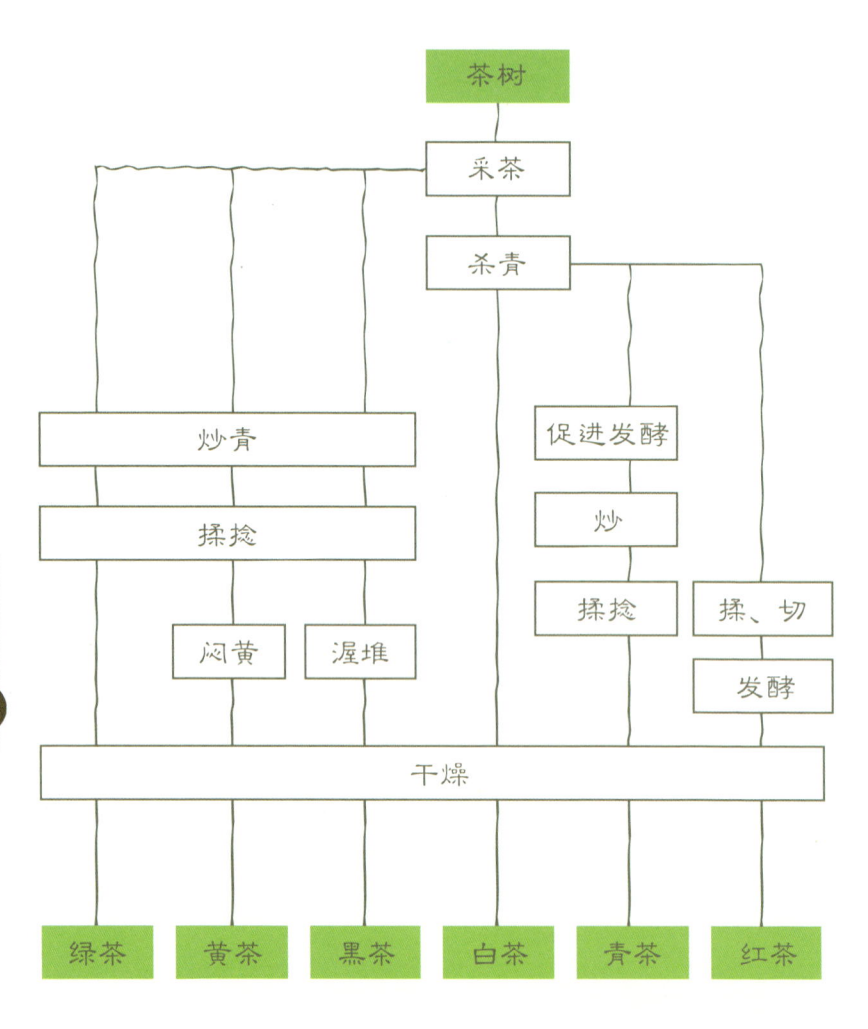

```
                    ┌──────┐
                    │ 茶树 │
                    └──┬───┘
                       │
                    ┌──┴───┐
                    │ 采茶 │
                    └──┬───┘
                       │
                    ┌──┴───┐
                    │ 杀青 │
                    └──────┘

       ┌──────────────┐          ┌──────────┐
       │    炒青      │          │ 促进发酵 │
       └──────────────┘          └──────────┘
       ┌──────────────┐          ┌──────────┐
       │    揉捻      │          │   炒     │
       └──────────────┘          └──────────┘
                                 ┌──────────┐   ┌────────┐
         ┌──────┐  ┌──────┐      │   揉捻   │   │ 揉、切 │
         │ 闷黄 │  │ 渥堆 │      └──────────┘   └────────┘
         └──────┘  └──────┘                     ┌────────┐
                                                │  发酵  │
                                                └────────┘

              ┌──────────────────────────────┐
              │            干燥              │
              └──────────────────────────────┘

   ┌──────┐ ┌──────┐ ┌──────┐ ┌──────┐ ┌──────┐ ┌──────┐
   │ 绿茶 │ │ 黄茶 │ │ 黑茶 │ │ 白茶 │ │ 青茶 │ │ 红茶 │
   └──────┘ └──────┘ └──────┘ └──────┘ └──────┘ └──────┘
```

茶叶的营养成分

茶多酚

茶多酚不是一种物质，而是三十多种酚类物质的总称，包括儿茶素、黄酮类、花青素和酚酸等，具有抗氧化、抗菌、抗癌、降血压、防止动脉粥样硬化及心血管病等作用。

茶氨酸

茶氨酸是茶叶中特有的氨基酸，是形成茶汤鲜爽度的重要成分，让茶汤具有润甜的口感和生津的作用，具有降血压、镇静、提高记忆力、减轻焦虑等作用。

生物碱

茶叶中的生物碱包括咖啡碱、可可碱和茶碱，易溶于水，是形成茶叶滋味的重要物质，具有提神、利尿、促进血液循环、帮助消化等作用。

茶多糖

茶多糖是一种酸性糖蛋白，并结合有大量的矿物质元素，具有降血糖、降血脂、降血压、增强免疫力、增加冠脉流量、抗血栓等作用。

维生素

茶叶的维生素C具有抗氧化、抗衰老、防治坏血病和贫血、预防流感等作用；茶叶中的维生素A具有预防夜盲症、眼干燥症、白内障的作用。

矿物质

茶叶中含有二十多种矿物质元素，包括氟、钙、磷、锗等，其中氟的含量极高，对预防龋齿有明显的作用；硒对抗肿瘤有积极的作用。

茶叶的保健功效

保护牙齿

茶叶中含有氟,氟离子与牙齿的钙质有很大的亲和力,能变成一种较难溶于酸的"氟磷灰石",提高牙齿的防酸能力。

提神健脑

茶叶中的咖啡碱能促使人体中枢神经兴奋,增强大脑皮质的兴奋过程,促进新陈代谢和血液循环,增强心脏动力,起到减少疲倦、提神益思、清心的效果。

消脂减肥

茶叶中的咖啡碱有助于分解脂肪。在各类茶叶中,绿茶、乌龙茶的消脂功效较为显著,乌龙茶还被作为中医临床减肥茶的主要原料使用,可防止身体吸收过度摄取的脂肪。

助消化

茶叶中的咖啡碱和儿茶素有松弛消化道的作用,可改善胃肠功能,有助于消化。同时,茶叶中的有效物质还能及时清除消化道内的有害物质,预防消化道疾病的发生。

预防流感

春秋季节是流感易发作的时期,流感病毒主要附着在鼻子和嗓子中突起的黏膜细胞上,而且不断增殖,从而致人生病。经常用茶水漱口,儿茶素能够覆盖在突起的黏膜细胞上,抑制流感病毒活性,防止流感病毒和黏膜结合。

预防心血管疾病

茶多酚对人体的脂肪代谢有重要作用，能防止血液和肝脏中的胆固醇及烯醇类和中性脂肪的积累，能够防止动脉和肝脏硬化。

延缓衰老

研究表明，自由基过多是导致老化的重要原因。常饮富含茶多酚、维生素C等抗氧化物质的茶，能够帮助身体清除自由基，延缓内脏器官的衰老。

保护心脏

据研究表明，每天至少喝一杯茶可使心脏病发作的危险降低44%。喝茶之所以有如此功效，可能是因为茶叶中含有大量黄酮类和维生素等可使血细胞不易凝结成块的天然物质。

中国的四大茶区

中国是茶的故乡，也是茶树的发源地，茶文化悠久且茶区分布广泛，因地域气候、饮茶习俗、社会经济等因素的不同，目前我国有四大茶区，分别为华南茶区、西南茶区、江南茶区、江北茶区。

华南茶区

华南茶区位于中国南部，包括福建东南部、广东中南部、广西南部、云南南部，以及海南、台湾全省。该茶区属于热带、亚热带季风气候范围，年平均气温为19～22℃，年降水量一般为1200～2000毫米。

华南茶区名茶

茶区土壤多肥沃，以赤红壤为主，土层深厚，有机质含量丰富。

华南茶区主产大叶类茶树品种，小乔木型和灌木型中小叶类品种亦有分布，主要生产红茶、乌龙茶、花茶、白茶、青茶、绿茶和六堡茶等品种。

- 福建→茉莉花茶、铁观音、永春佛手
- 广东→凤凰水仙、英德红茶
- 广西→白毛茶、六堡茶
- 台湾→冻顶乌龙、白毫乌龙
- 云南→白沙绿茶

西南茶区

西南茶区包括云南中北部、广西北部、贵州、四川、重庆及西藏东南部。西南茶区地形复杂,气候差异较大,大部分地区属亚热带季风气候。平均气温在15℃以上,最低气温一般在-3℃左右,个别地区可达-8℃,无霜期200～340天。西南茶区雨水充沛,年降水量为1000～1200毫米,但降雨主要集中在夏季,冬、春季雨量偏少,如云南等地常有春旱现象。

西南茶区名茶

西南茶区的土壤类型多,四川、贵州和西藏东南部以黄壤为主,有少量棕壤;云南主要为赤红壤和山地红壤,有机质含量较其他地区高,有利于茶树生长。

茶区茶树主要有乔木型大叶类、小乔木型、灌木型中小叶类品种等,生产茶类品种有工夫红茶、红碎茶、绿茶、黑茶、花茶等,是中国发展大叶种红碎茶的主要基地之一。

- 四川→蒙顶甘露、峨眉竹叶青、蒙顶黄芽
- 贵州→湄潭翠芽、都匀毛尖、遵义毛峰
- 重庆→沱茶、永川秀芽
- 西藏→珠峰圣茶
- 云南→普洱茶、滇红

江南茶区

江南茶区是中国茶叶主要产区之一，茶叶年产量约占全国总产量的2/3，江南茶区包括长江中下游以南的浙江、湖南、湖北、江西、江苏南部、安徽南部、福建北部及上海地区等。

江南茶区地势低缓，多地处于低丘低山地带，年均气温在15℃以上，极端最低气温多年平均值不低于-8℃，但个别地区冬季最低气温可降到-10℃以下，茶树易受冻害，无霜期230～280天。夏季最高气温可达40℃以上，茶树易被灼伤。雨水充足，年均降雨量1400～1600毫米，有的地区年降雨量可高达2000毫米以上，以春、夏季为多。

江南茶区名茶

江南茶区土壤基本上为红壤，部分为黄壤，部分地区有黄褐土、紫色土、山地棕壤和冲积土，有机质含量较高。

茶树品种以灌木型中叶种和小叶种为主，有少部分小乔木型中叶和大叶种，生产茶类有绿茶、乌龙茶、白茶、黑茶、花茶等。

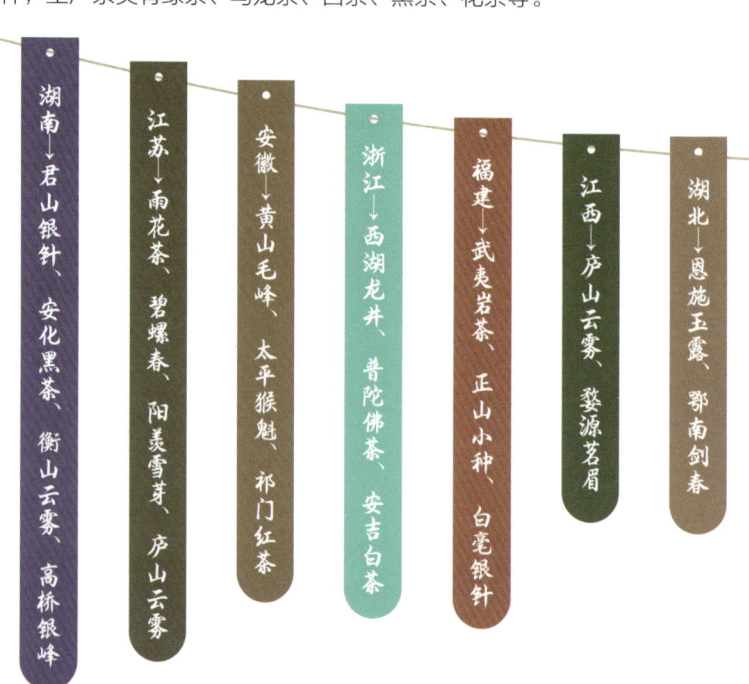

- 湖南→君山银针、安化黑茶、衡山云雾、高桥银峰
- 江苏→雨花茶、碧螺春、阳羡雪芽、庐山云雾
- 安徽→黄山毛峰、太平猴魁、祁门红茶
- 浙江→西湖龙井、普陀佛茶、安吉白茶
- 福建→武夷岩茶、正山小种、白毫银针
- 江西→庐山云雾、婺源茗眉
- 湖北→恩施玉露、鄂南剑春

江北茶区

江北茶区位于长江中下游北岸,秦岭淮河以南,以及山东沂河以东部分地区,包括陕西、安徽北部、江苏北部、湖北北部,河南、山西、甘肃南部,以及山东东南部,是我国四大茶区中最北部的一个茶区。

茶区的年平均气温为15~16℃,冬季的最低气温在-10℃左右,个别年份极端低温可降到-20℃,造成茶树严重冻害,无霜期200~250天;年降水量较少,为700~1000毫米,且分布不匀,常使茶树受旱。

江北茶区名茶

受气温、降水量等因素的制约,适宜种植茶树的地区不多,茶树多为灌木型中叶和小叶种,主要出产绿茶。

茶区土壤以黄棕壤为主,也有黄褐土和山地棕壤,pH值偏高,质地黏重,常出现黏盘层,土壤肥力较低,少数山区有良好的气候和土壤,故茶的质量亦不亚于其他茶区。

- 安徽→霍山黄芽、舒城兰花、六安瓜片
- 山西→午子仙毫、紫阳毛尖
- 江苏→花果山云雾茶
- 河南→信阳毛尖
- 山东→崂山绿茶

part 3

好器好茶：
泡茶前的准备工作

选择茶具

茶具的起源和发展

"茶滋于水,水藉乎器",器以"载道"之功而为茶之父,茶器是喝茶必不可少的工具。

汉代时出现了最早关于饮茶器具的文字记载,西汉辞赋家王褒的《僮约》提到"烹茶尽具",这里的"茶"就是指茶叶,意思是用极其讲究的器具烹茶,用以招待尊贵的客人。可以将此时期视为茶具的萌芽阶段,但此时茶具与食器、酒器混用,茶具制作粗陋,只具备实用性,未与其他饮用的器具有明显区分。

西汉时,制陶技术进步,釉陶工艺开始应用于茶器的制造,这一时期为茶器的萌芽阶段。

至两晋、南北朝时,饮茶开始普及,客人上门后需敬茶也成为普遍礼仪,茶器逐渐与其他的食器分离,这个时期已经有专门的饮茶器皿。随着饮茶之风的兴起,器具生产技术的提高,以及文化与茶事活动的相融,饮茶活动逐渐成为一件"雅事",到隋唐时,饮茶之风大兴,饮茶器具逐渐走向精细化、专用化、艺术化。

"茶圣"陆羽在《茶经》中设计制作了一套25件完整配套的茶器,从煎煮、点试到饮用、清洁、收藏一应俱全,中国茶具文化的里程碑由此树立,古朴实用而又妙趣横生的茶道文化也得以形成。当时生活富裕、追求奢靡之风的皇亲贵族多使用金属茶器。1987

年考古学家在陕西扶风县法门寺秘藏地宫出土了一套唐代宫廷鎏金银茶器,整套茶具有11种12件,非常奢华,反映了唐代饮茶文化的盛况。

到了宋代,点茶法盛行,饮茶器皿由大碗改为了一种敞口、小底、厚壁的小盏,以通体施黑釉的建盏最受欢迎,金银具也在各地盛行开来。釉面多条状结晶纹,细如兔毛的,称"兔毫盏";在黑色中画有美丽斑纹图案,即"鹧鸪斑"。兔毫盏、鹧鸪斑使本来黑厚笨拙的建盏显得精致而又极富动感,更增添了斗茶的乐趣。

北宋时青花瓷茶器悄然兴起,至清朝时达到鼎盛,时至今日依旧大受欢迎。全民饮茶的大环境也造就了"五大名窑"——汝窑、官窑、钧窑、哥窑、定窑。五大名窑各具特色,为我国瓷质茶器的发展奠定了坚实的基础。

明清时期茶具发展达到顶峰。明代团茶废除,散茶兴起,泡茶法开始流行,茶器也由繁趋简,唐宋时一系列碾、磨、罗、筅等成了多余之物,煮水器具与茶器划分开来,为泡茶所专用的茶壶出现,盏与壶成为基本茶器。虽然茶器的品种数量减少了,但茶器的品目却更加详细,做工也更臻于精巧。

明代黑盏逐渐失势,景德镇的"莹白如玉"白瓷茶盏、青花瓷盏和古朴自然的宜兴紫砂茶器大受欢迎,陶瓷茶器逐渐成为茶具主流。此外,漆器茶器、竹编茶器等相继出现,而且茶器的形、色以及装饰方面也有了新发展。此外,康熙年间还兴起了一种新茶器——盖碗,一直延续至今。

由此可见,中国茶具的发展之道,是由粗趋精,由大趋小,由繁趋简,从古朴、富丽再趋向淡雅的返璞归真的过程。

家庭常用茶具

茶盘

茶盘，也叫茶船，是用以盛放茶壶、茶杯或其他茶具的器具，还盛接泡茶过程中流出或倒掉的茶水。茶盘的选材广泛，有竹制品、塑料制品、不锈钢制品等，形状有方形、圆形、长方形等多种，以金属茶盘最为简便耐用，以竹制茶盘最为雅致。

茶杯

茶杯是用于品尝茶汤的杯子。可因茶叶的品种不同，而选用不同的杯子。作为盛茶用具，茶杯一般有品茗杯、闻香杯、公道杯三种。

闻香杯：用来嗅闻杯底留香，杯形细长，品茶时用双手掌心夹住闻香杯，靠近鼻孔，边搓动边闻香。

品茗杯：用来品尝茶汤，质地以瓷质为主，也有内施白釉的紫砂、陶土质地。

公道杯：又称茶盅、茶海，用来盛放泡好的茶汤，使茶汤均匀，再分倒入各品杯。有紫砂、瓷、玻璃等质地，以玻璃和白瓷最为常用和百搭。

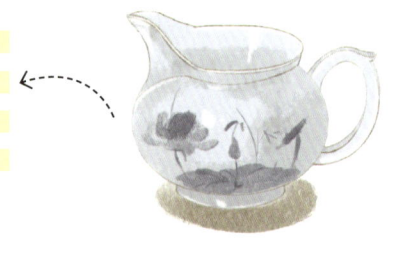

盖碗

盖碗又称"三才杯",三才者,天、地、人。茶盖在上,谓之"天";茶托在下,谓之"地";茶碗居中,谓之"人"。盖碗既可以用来做泡茶容器冲泡出茶汤后分饮,也可以直接当作茶杯品茶。盖碗的质地以瓷质为主,以江西景德镇出产的最为著名,也有紫砂和玻璃盖碗。

盖碗的选购

主要注意盖碗沿外翻的程度,外翻弧度大则拿取容易,且不易烫手。

另外,要注意选择盖纽是凹进去的盖碗,这样使用时不易烫到压在盖纽上的手指。

初识茶味

057

茶壶

茶壶在唐代以前就有了。唐代人把茶壶称"注子",其意是指从壶嘴里往外倒水。茶壶为主要的泡茶容器,茶壶主要用来实现茶叶与水的融合,茶汤再由壶嘴倾倒而出。按质地分,茶壶一般以陶壶为主,此外还有瓷壶、银壶、石壶等。

紫砂壶

玻璃壶

银壶

茶道六用 又称"茶道六君子",是对茶筒、茶针、茶夹、茶匙、茶则、茶漏六件泡茶工具的合称。

茶则:用于从茶罐中量取干茶,也可以作为度量茶叶的量器。

茶筒:用于盛放茶针、茶夹、茶匙、茶则、茶漏。

茶夹:用来夹杯具、烫洗茶杯。

茶漏:将茶漏放在壶口,可扩大壶口面积,防止茶叶外溅。

茶针:用于疏通壶嘴,以保持水流畅通。

茶匙:又称"茶扒",主要用途是赏茶后,将茶荷内的干茶再拨入茶壶中。

茶荷 茶荷又称"茶碟",是用来放置已量定的备泡茶叶,兼观赏用的茶具,多为白瓷、青花等花色的瓷制品,也有竹木、紫砂、玉等材质,前端收口以利于干茶叶倒入茶壶中,好的瓷质茶荷本身就是一件高雅的工艺品。

水盂 水盂是一种小型瓷缸，用来装温热茶具后不要的水和冲泡完的茶叶、茶梗，俗称"废水缸"，其体积小于茶盘。

杯托 杯托又名杯垫，用来放置茶杯、闻香杯，既可增加美感，又可防止杯里或底部的水溅湿茶。杯托有许多种，有竹、木、瓷、紫砂、布、纸等质地，形状多变，与品茗杯配套使用，也可以随意搭配。竹木、布艺、纸质等杯托使用后要清洗干净，并在通风处晾干。

茶巾 茶巾又称"涤方"，以棉麻等纤维制成，主要作为擦抹溅溢茶水的清洁用具来擦拭茶具上的水渍、茶渍，吸干或拭去茶壶、茶杯等茶具侧面、底部的残水，还可以托垫在壶底。

贮具 贮具主要包括贮水的水方，贮茶的茶仓，存放茶具的茶具架、茶具柜等。

水方：水方是中国古代贮存泡茶用水的器具，现在较为少见。居家泡茶如果使用自来水，也可准备一个带盖的瓷缸、紫砂缸或老陶缸，把自来水在使用前一天事先静置，经过一夜自然养水，再取水烧开泡茶，茶汤口感确实不同。

茶仓：茶叶罐，是贮放茶叶的容器，有纸罐、铁罐、瓷罐、玻璃罐等。一种茶叶固定使用一个茶叶罐，否则茶叶之间会串味。

茶具架：茶具除了可以使用外，还能赏玩。将茶具陈列在茶具架上，既能展示茶具的丰富多样和整体美感，也能为家里提升格调。

茶具柜：用于归拢和置放茶具。泡茶前从柜中合理选配茶具，泡茶完毕，冲洗干净并晾干后再放回原处，秩序井然，不显凌乱。

不同材质的茶具

紫砂茶具

在种类繁多的茶具中,备受茶客喜爱且极具美学价值的当属紫砂茶具,冲泡、品饮用的壶具、公道杯等大多为紫砂制品。

紫砂壶茶壶"方非一式,圆不一相",壶体光洁,块面挺括,线条利落;圆壶则在"圆、稳、匀、正"的基础上变出种种花样;另外还有似竹节、莲藕、松段和仿商周古铜器形状的复杂造型,皆让人感到形、神、气、态兼备,具有极高的艺术性。

紫砂茶具品质有优劣之分,其中宜兴紫砂茶具采用宜兴地区独有的紫泥、红泥、团山泥抟制焙烧而成,表里均不施釉,不仅驰名中外,且历史悠久,早在北宋时期就已经出现,在明清时期大为盛行。

紫砂茶具的优点

经久耐用,涤拭日加,自发黯然之光,入手可鉴。

气孔微细、密度高,有较强的吸附力,用之泡茶,色、香、味皆蕴。

能经受冷热急变,冬天泡茶绝无爆裂之虑,放在文火上不会炸损,由于传热缓慢,使用时握摸不易烫手。

紫砂茶具的选购

质地 ● 紫砂壶以"观之质朴而不艳,抚之细润而不腻"为上品,虽然看起来"粗",但壶的表面摸起来是圆润柔滑的;如果看起来光滑,但摸起来手感粗糙,则说明质地欠佳。另外,可将壶注满开水后用沸水浇淋壶身,好泥料的新壶由于壶内温度高,壶外壁的水痕会像退潮一样迅速收缩,而不是瞬间滑落。

壶的重心合理,拿起来才会感觉轻松、舒服。挑选时,可先将空壶置于手上,感觉壶身是不是平衡,有没有往一侧倾斜;拿起茶壶时如果感觉很沉,则说明壶把设计不够科学,重心不合理。接着可将壶中注满水,握住并提起壶把,如果需要用力紧握才能提起茶壶,则说明重心不佳;如果觉得壶把的粗细和形状不碍手,握之不费力,倒水很顺手,即表示该壶重心适中、稳定。 ● **重心**

严密度 ● 检查壶盖与壶身是否严密,密封性好不好,用密合度高的壶泡茶才能将茶香凝聚,保持茶壶原有的香味。另外,密封性好的茶壶在倒茶时盖口不会往外流水,泡茶过程干净利落。可将壶中注满水,按住壶纽做倒茶动作,看盖口处是否溢水,如滴水不流则说明壶盖与壶身十分严密。另外,可用食指紧压茶壶壶嘴、颠倒壶身,若严密度高,则壶盖不会掉落。

好的紫砂壶出水流畅,出水时水束急流直下、刚直有劲,又长又圆;断水时,不会有残水沿着壶嘴外壁往下滑;倾尽壶水时,壶中滴水不剩。 ● **出水**

壶味 ● 打开壶盖仔细嗅一嗅新壶中的气味,可略带瓦味,但若带有火烧味、油味、染色剂等化工气味,则不宜选购。注入沸水并迅速倒出,再闻一闻壶中是否有异味,如果有,则可能添加有化学物质,不建议选购。

瓷器茶具

自唐代以来，陶瓷工艺就被广泛应用于茶具生产，瓷器具有较好的热稳定性和化学稳定性，保温适中、传热速度慢，高温的茶汤不会与瓷器发生化学变化，因而可以保持茶叶固有的色、香、味。

白瓷茶具

白瓷茶具产地较多，有江西景德镇、湖南醴陵、福建德化、四川大邑、河北唐山等，其中以江西景德镇的白瓷茶具最为著名，也最为普及，色泽纯白光洁，能更鲜明地映衬出各种类型茶汤之颜色。北宋时，景德镇窑生产的瓷器，质薄光润，白里泛青，雅致悦目，并有影青刻花、印花和褐点点彩装饰。元代的青花瓷茶具更是远销海外。

青瓷茶具

青瓷茶具外表是玻璃质的透明淡绿色青釉，瓷色纯净，青翠欲滴，既明澈如冰，又温润如玉，茶具质感轻薄圆润柔和。

青瓷茶具主要产于浙江、四川等地。晋代，浙江的越窑、婺窑、瓯窑已具相当规模。宋代，浙江龙泉生产的青瓷茶具已达到鼎盛时期，远销各地。龙泉青瓷造型古朴挺健、釉色翠青如玉，制陶艺人兄弟章生一、章生二的"哥窑""弟窑"产品具有极高的造诣，其中"哥窑"被列为"五大名窑"之一。

黑瓷茶具

黑瓷茶具得益于宋代斗茶之风的盛行，茶叶与黑色茶盏色调分明，便于观察，且黑瓷胎体较厚，能够长时间保持茶温，最适宜斗茶所用。

主要产于浙江、四川、福建等地，其中以建窑生产的"建盏"最为人称道，它在烧制过程中釉面会出现兔毫条纹、鹧鸪斑点、日曜斑点，茶汤入盏后，能放射出五彩纷呈的点点光辉。

彩瓷茶具

彩瓷是指带彩绘装饰的瓷器，比单色釉瓷更具美感。彩瓷茶具的品种花色也很多，其中尤以青花瓷茶具引人注目，彩瓷兴起于清代，在现代的应用仍十分广泛。

骨瓷茶具

骨瓷属软质瓷，使用骨粉混合石英制成。与其他陶瓷茶具相比，骨瓷茶具的质地更为轻巧，瓷质更为细腻，虽然其器壁较薄，但致密坚硬，是公认的高档瓷种。

漆器茶具

将竹木或其他材质雕刻后上漆制成漆器茶具，因选料和工艺制作上的差别，此类茶具有工艺奇巧、制作考究的珍品，也有用于日常较为粗放的产品。漆器茶具有轻巧美观、色泽光亮、耐温、耐酸等特点，并有很高的艺术欣赏价值。

漆器茶具始于清代，其中北京雕漆茶具、福州脱胎漆器茶具最为著名，江西鄱阳、宜春等地生产的脱胎漆器等，亦具有独特的艺术魅力。福州的漆器茶具极具观赏价值，有"宝砂闪光""金丝玛瑙""釉变金丝""仿古瓷""雕填""高雕""嵌白银"等品种。

金属茶具

　　金属茶具一般用金、银、铜、锡等金属制作而成，将金银等金属以锤成型或浇铸焊接，再加以刻饰或镂饰制成。金银茶具有延展性强、耐腐蚀、色泽美丽等特点，由此制作成的茶具不仅样式精致，价值也很高。其中用锡做的储茶器多制成小口长颈，其盖为圆桶状，密封性较好，无异味，保鲜功能优于各类材质的储茶器，常被用来储存高档茶叶。

玻璃茶具

　　玻璃茶具质地透明、形态各异、物美价廉，能准确地反映出茶汤的色泽，以及叶芽上下浮动、舒展之态，适合冲泡各类名优茶。

　　但是玻璃茶具传热快、不透气、保温性能差、易烫手，茶香容易散失。

茶具与茶叶的搭配

茶叶种类	适合的茶具
绿茶	透明玻璃杯或白瓷、青瓷、青花瓷无盖杯
红茶	以白瓷茶具为佳
乌龙茶	紫砂壶或白瓷盖碗
黄茶	透明玻璃杯或白瓷盖碗
白茶	透明玻璃茶具或白瓷盖碗、紫砂壶
黑茶	紫砂壶、瓷器茶具
花茶	透明玻璃茶壶、茶杯或白瓷盖碗

茶叶的选购

茶叶的选购标准

茶叶的干燥度： 以手轻握茶叶微感刺手、轻捏会碎的茶叶，表示干燥程度良好，茶叶含水量在5%以下。

试探茶叶的弹性： 以手指捏叶底，一般以弹性强者为佳，表示茶菁幼嫩，制作得宜；而触感生硬者为老茶或陈茶。

检验发酵程度： 红茶是全发酵茶，叶底以呈鲜艳红色为佳；清香型乌龙茶及包种茶为轻度发酵茶，叶在边缘锯齿稍深位置呈红边，其他部分呈淡绿色。

观察茶叶叶片： 茶叶叶片形状、色泽整齐均匀的较好，茶梗、茶片、茶角、茶末和杂质含量比例高的茶叶，一般会影响茶汤品质。

闻茶叶香气： 绿茶有清香，乌龙茶有熟果香，红茶有焦糖香，花茶则有强烈香气。如茶叶中有油臭味、焦味、火味、闷味或其他异味者为劣品。

看茶叶色泽： 带有油光宝色或有白毫的乌龙及部分绿茶为佳。茶叶的外形条索则随茶叶种类而异，如龙井呈剑片状，红茶呈细条或细碎形。

品茶味： 以少苦涩味、带有甘滑醇味，能让口腔有充足的香味或喉韵者为好茶。苦涩味重、陈旧味或火味重者，则为中下品。

观茶汤颜色： 一般绿茶呈暗绿色，红茶呈鲜红色，白毫乌龙呈琥珀色，冻顶乌龙呈金黄色，包种茶呈宝黄色。

看泡后茶叶叶底： 冲泡后很快展开的茶叶，多是粗老之茶，条索不紧结，泡水薄，茶汤多平淡无味。冲泡后叶面不展开的茶叶是陈茶。

茶叶的保存方法

罐装储存

市面上很多茶叶都是直接装在铁罐中售卖的,造型丰富,有方的、圆的、高的、矮的、多彩的、单色的,有的罐上还有精美的绘画。

食品袋储存

先准备一些洁净没有异味的白纸、牛皮纸和没有缝隙的塑料袋,用白纸将茶叶包好,再包上一张牛皮纸,接着装入塑料食品袋中,然后用手轻轻挤压,将袋中的空气排出,用细绳子将袋口捆紧。然后再将另一只塑料食品袋套在第一只袋子外面,用和第一只袋子同样的操作方法将空气挤出,再用细绳子把袋口扎紧。最后将茶包放入干燥无味、密闭性好的铁筒中储存。

木炭密封储存

木炭密封储存法是利用木炭的吸潮性储存茶叶,较为繁琐,且现代生活中也较少使用木炭,因此使用人群较少。需要先将木炭放入火盆中燃烧,然后立即用铁锅覆盖上,将火熄灭。之后将木炭晾干,用干净的白布把木炭包起来;将茶叶分包装好,放入瓦缸或小口铁箱中,然后将包好的木炭放入。

好茶配好水

选水标准

明代张大复在《梅花草堂笔谈》中提到:"茶性必发于水,八分之茶遇十分之水,茶亦十分矣。八分之水试十分之茶,茶只八分耳。"水质会直接影响茶汤的品质。水质不好,不仅不能准确反映茶叶的色、香、味,而且对茶汤的滋味影响非常大。

古人对泡茶用水十分讲究,将择水标准总结为"清、轻、活、甘、冽",即水质要清洁,只有洁净的水才能泡出没有异味的茶,甘甜的水质会让茶香更加出色。宋代蔡襄在《茶录》中道:"水泉不甘,能损茶味。"水的硬度要低,水中空气含量要高,含在嘴里要有清凉的感觉。因此,自然活水以其特殊的优越性,被奉为泡茶的首选水源。

矿泉水

矿泉水是从地下深处自然涌出或经人工开采的未受污染的地下水,含有一定量的矿物质或二氧化碳气体。由于产地不同,其所含矿物质成分不同,相对于纯净水来说,矿泉水含有多种微量元素,对人体健康有利。

但有的矿泉水含有较多的钙、镁、钠等金属离子,是永久性硬水,不适合泡茶。泡茶要选择适合茶性发挥的软水类矿泉水。

自来水

自来水的来源主要是江河湖泊和地下水,通过处理净化、消毒、过滤后生产出的符合国家饮用水标准的水。自来水中含有氯气,饮用时需要静置一昼夜,待氯气自然挥发,再煮开泡茶;或是使用净水器净化,再煮开饮用。

自然活水

山泉水 ● 在天然水中，山泉水比较清爽，杂质少，透明度高，且污染少、水质好，是泡茶的理想水源。

● **江河水 湖水**
远离人口密集区域的江水、河水和湖水也不失为泡茶的好水。

雪水 雨水 ● 被古人称为"天泉"，尤其是雪水，更为人推崇。

● **井水**
属于地下水之一，优点是悬浮物含量较少、透明度高。

纯净水

纯净水水质清纯，没有有机污染物、添加剂和各类杂质。纯净水的优点是安全、溶解度强，能有效促进人体的新陈代谢。用这种水泡茶，茶汤晶莹透彻，香气纯正，无异味杂味。

净化水

净化水就是将自来水管网中的红虫、铁锈、悬浮物等杂物除掉的水。净化水的原理和处理工艺一般包括粗滤、活性炭吸附和薄膜过滤三级系统。净化作用降低水的浑浊度、余氧和有机杂质，并可以将细菌、大肠杆菌等微生物截留。

要注意经常清洗净水器中的粗滤装置，更换活性炭，否则，时间久了，净水器内污染物堆积，滋生细菌，反而污染水质。

硬水与软水

水有软水和硬水之分，软水是指不含或含很少可溶性钙、镁化合物的水；硬水是指含有较多钙、镁化合物的水，又可分为暂时硬水和永久硬水。泡茶用水以选择软水或暂时硬水为宜。

水的硬度高，则钙、镁等离子含量也高，由于这些矿物质主要是以碱性盐类化合物的形式存在，因此会使水的pH值升高。偏碱性的水会使茶叶中的黄酮类物质氧化，使茶汤颜色加深、变暗，用硬水泡茶会改变茶的色、香、味而降低其饮用价值，中性或稍微偏酸性的水才有利于泡茶。

暂时硬水可以通过煮沸的办法，使水中所含的碳酸氢钙和碳酸氢镁沉淀析出，降低硬度。这样经过煮沸后的水转化成了软水，可以用来泡茶。

永久硬水经过煮沸也不会变为软水。这种水的硬度主要以含有钙、镁的硫酸盐或氯化物的形式存在，不能通过煮沸消除，所以也不可能转化成软水。

part **4**

"茶之道"：
泡茶的方法

泡茶基本步骤

备具 把所需茶具准备好，然后清洗干净，按照方便、整洁、美观的要求摆放在茶桌上备用。

候汤 即烧水，包括取水、点火、煮水等过程。

赏茶 用茶则或茶匙将茶叶从茶叶罐拨入茶荷，双手持盛茶的茶荷，伸向客人，请客人赏茶，泡茶者可从旁介绍，增进客人对该种茶的了解。

温具 用热水冲淋茶壶，包括壶嘴、壶盖，同时烫淋茶杯，随即将茶壶、茶杯沥干。一则可以清洁茶具，二则可以提高壶温，使茶叶冲泡后温度相对稳定。

投茶 按茶壶或茶杯的大小，将一定数量的茶叶投入茶壶。一般泡茶都是先投茶后冲水，但绿茶的冲泡有上投法、中投法、下投法三种投茶方法。

润茶 又称温润泡，冲水后快速倒出茶汤，使芽叶舒展，为正式冲泡打下基础。一般外形较紧结的茶叶如乌龙茶、黑茶等需要润茶。

冲水 按照茶水比例，将水冲入壶中。一般采用"悬壶高冲"的手法，使茶叶在壶中尽量上下翻腾，茶汤均匀一致，激荡茶香。

分茶 又称斟茶，是将泡好的茶汤分到每个品茗杯中。

奉茶 茶泡好后，主人双手端起茶杯送至来宾面前，请客人品茶。

品茶 一般应先端杯闻香，接着观色察形，再啜汤赏味。

泡茶四要素

茶水比例

　　茶叶用量因茶叶的种类、茶具大小而有所区别，泡茶讲究"细茶粗吃""精茶细吃"，即细嫩的茶叶用量要多；较粗的茶叶用量可少些。

　　投茶量可以根据茶壶大小，按干茶占茶壶的容积估算，这主要取决于茶叶的外形松紧。下面以小茶壶为例进行说明：

○ 蓬松的茶叶，如普洱生茶、瓜片、粗大型的碧螺春等，放七八分满。

○ 较紧结的茶，如揉成球状的乌龙茶、条形肥大且带绒毛的白毫银针、纤细的绿茶等，放 1/4 壶。

○ 非常密实的茶，如剑片状的龙井、针状的工夫红茶、玉露、眉茶、球状的珠茶、碎角状的细碎茶叶、切碎熏花的香片等，放 1/5 壶。

冲泡时间

　　茶叶冲泡的时间差异很大，与茶叶种类、泡茶水温、用茶数量和饮茶习惯等有关。一般原料细嫩、茶叶松散的，冲泡时间可相对缩短；相反，原料较粗老、茶叶紧实的，冲泡时间可相对延长。

　　如泡饮普通红、绿茶，时间以2~3分钟为宜；注重香气的乌龙茶、花茶，泡茶时应加盖，且冲泡时间不宜过长，1分钟即可。

泡茶水温

　　泡茶水温与茶叶的老嫩、松紧、大小有关。茶叶原料粗老、紧实、整叶的，茶汁浸出要比茶叶原料细嫩、松散、碎叶的慢得多，因此冲泡水温要高。

茶类	水温	基本介绍
绿茶、黄茶、白茶	70~85℃	茶叶细嫩的名优绿茶,用75℃左右的水冲泡即可,茶叶越嫩,冲泡水温越要低。
花茶、红茶、低档绿茶、轻发酵乌龙茶	90℃	茶叶原料老嫩适中,需要把沸腾的水稍微搁置一会儿再来冲泡。
重发酵乌龙茶、普洱茶、沱茶	95℃	茶叶较粗老,茶叶用量较多,所需水温较高,有时为了保持水温,还需要用热水淋壶。
红茶、黑茶、砖茶	100℃	将砖茶敲碎,用刚烧开的沸水冲泡或者放在锅中煎煮后再饮用。

冲泡次数

一般茶冲泡第一次时,茶中的可溶性物质能浸出50%~55%;冲泡第二次时,能浸出30%左右;冲泡第三次时,能浸出约10%;冲泡第四次时,只能浸出2%~3%,几乎是白开水了。所以,通常以冲泡三次为宜。

不同茶叶由于其性质、松紧程度等的差异,可冲泡次数有所差异:

○ 颗粒细小、揉捻充分的红碎茶和绿碎茶,一般冲泡1次即可将茶渣去除,不再重泡。

○ 名优绿茶由于芽叶较为细嫩,通常建议冲泡2~3次。

○ 乌龙茶有"七泡有余香"的美誉,可以连续冲泡5~9次,甚至更多。

○ 白茶和黄茶一般只能冲泡2~3次。

○ 陈年茶,如陈年普洱茶,由于其所含的析出物释放速度慢,有的能泡到20多次。

日常饮茶的注意事项

餐前、餐后饮茶注意

在日常生活中,很多人喜欢在用餐前后饮茶。但是,饮茶的时间选择对于健康有着重要影响。餐前饮茶,特别是在空腹时饮浓茶,茶中的咖啡因和茶碱会刺激胃液分泌,可能导致胃黏膜受到损伤,引起胃痛、胃胀等不适症状。尤其是患有胃溃疡或十二指肠溃疡的人,更应避免空腹饮茶。

也不推荐餐后立即饮茶,因为茶叶中含有大量的鞣酸,会与食物中的铁结合,形成沉淀物,长期如此可能导致缺铁性贫血。此外,茶中的单宁酸还会影响蛋白质、钙等营养物质的吸收。一般建议饭后30分钟至1小时再饮茶。

服药与饮茶

有的人可能会用茶水来服药,但却不知道茶叶中含有的咖啡因、鞣酸(单宁酸)、茶多酚等物质,可能与药物中的某些成分发生作用,与铝、钙、镁等金属离子结合,形成不溶沉淀物,影响药物的吸收效率,大大降低药效。在服药期间最好避免饮茶,尤其是浓茶,并且遵循医生的指导。

〇 麻黄、钩藤、黄连等中草药不宜与茶水混饮。

〇 金属类药不要用茶水送服,易影响药效,如补钙的钙剂类(如葡萄糖酸钙)、含铁补血药或含铁剂(硫酸亚铁)、治胃病的相关含铝剂(如氢氧化铝)。

○ 茶叶中的一些物质容易与酶反应，降低酶制剂药的活性，因此酶制剂药（如助消化酶）不能用茶水送服。

○ 甲丙氨酯、巴比妥、安定等中枢神经抑制剂会与茶叶中的咖啡因、茶碱等发生冲突，影响药物的镇静助眠效果。

○ 潘生丁常被心血管病人或肾炎患者服用，它能与茶叶中的咖啡因发生反应，导致药效降低。

○ 苏打片中的苏打能与茶多酚发生化学反应，使苏打分解失效。

○ 氯丙嗪、氨基比林、阿片全碱、小檗碱、洋地黄、乳酶生、胃蛋白酶、硫酸亚铁以及四环素等抗生素药物，多会与茶多酚结合产生不溶性沉淀物质，影响药物吸收。

不饮隔夜茶

隔夜茶指的是泡制时间超过12小时的茶水。茶叶经过一夜浸泡，营养元素基本已经消耗殆尽，其内含的茶多酚、维生素等营养物质会氧化变质，不但失去了茶叶本身的保健功能，剩下的残余物质多半是难以溶解的有害物质，如果饮用可能会对人体产生危害。隔夜茶中含有茶锈，会阻碍营养物质的消化和吸收，而且色素物质不仅会使茶汤浑浊，还会使人皮肤暗沉。

此外，隔夜茶如果长时间暴露在空气中，容易受到细菌的污染，如果是炎热的夏季，隔夜茶更易滋生细菌、发生变质，饮用这样的茶水可能引发胃肠不适，甚至导致食物中毒。

因此，茶最好现泡现饮，最多不要超过24小时。

空腹饮茶

茶叶大多属寒性，空腹饮茶会对胃肠造成刺激。茶叶中的咖啡因、茶碱会刺激胃壁，增加胃酸分泌，可能导致胃痛、胃灼热等不适症状，甚至会引发胃痉挛。长期空腹饮茶可能导致胃溃疡等胃部疾病。

茶叶中的咖啡碱会刺激心脏，鞣酸具有收敛作用，容易引起便秘，因此患有胃病、心脏不好或者便秘的人群最好不要空腹喝茶。

空腹饮茶可能引发"醉茶"现象，表现为头晕、心慌、乏力、恶心等症状。这是由于茶叶中的咖啡因直接进入血液，快速作用于神经系统所致。为了避免这些问题，建议在进食30分钟后再饮茶，并选择适量、适度浓度的茶水。

睡前不饮茶

情绪容易激动、肠胃功能较差或者睡眠质量较差的人群，睡前尽量不要喝茶。因为茶中含有咖啡碱，尤其是在前两泡茶汤中含量较多，具有较强的提神醒脑作用，会刺激神经，引起兴奋感，导致入睡困难、睡眠浅、频繁醒来；饭后或者睡前饮茶，会冲淡胃液，加重消化负担；茶还具有利尿作用，睡前喝茶常常会造成夜间起夜、尿频、尿急，从而降低睡眠质量。

如果需要，可以选择一些具有安神助眠功效的茶饮，如薰衣草茶、白菊花茶等。

喝茶不宜过烫

研究表明，饮用温度超过65℃的茶水会显著增加食道癌的发病率，因为过烫的茶水会损伤口腔、咽喉和食道的黏膜。饮茶时要注意茶水的温度，建议控制在50~60℃，这样既能品尝到茶叶的香气，又不会损伤口腔和咽喉。

此外，热茶在一定程度上会刺激胃肠道，可能引发胃痛、胃酸过多等问题。因此，胃肠功能较弱的人，更应避免饮用过烫的茶水。

不同茶具的泡茶方法

紫砂壶泡茶法

紫砂壶保温性能好、透气度高,能充分显示茶叶的香气和滋味,而且提携抚握均不易烫手,置于文火上也不会炸裂,具有特殊的双重气孔,泡出的茶汤色香味皆蕴,适宜冲泡普洱熟茶、铁观音、大红袍等茶叶。

冲泡要点:
水温:100℃
茶叶克数:7克
茶水比例:1:22

准备茶具: 紫砂壶、公道杯、过滤网、品茗杯、杯托、茶船、茶荷、茶则、茶巾等。

冲泡步骤:

① **温具:** 把紫砂壶放在茶船上,向壶中注入约容量2/3的热水,盖上壶盖,转动手腕,晃动壶身温壶。再将水依次倒入公道杯、品茗杯中,温杯后将水弃入水盂。

② **投茶:** 用茶则将茶叶轻轻投入壶中,使茶叶均匀散落在壶底,占茶壶容量的1/3~1/2。

③ **冲茶：** 以"凤凰三点头"的手法向壶中注入沸水，高冲水至溢出壶盖沿为宜，用壶盖轻轻旋转刮去泡沫。

④ **淋壶：** 用润茶的茶汤浇淋整个壶身，提高壶内外的温度，使茶香散发出来。

⑤ **出汤：** 浸泡约50秒后，将茶汤滤入公道杯中，茶汤要尽量控净。

⑥ **分茶：** 将公道杯中的茶汤依次斟入各品茗杯中至七分满，双手端给客人品饮。如果是自己泡茶，直接品饮即可。

盖碗泡茶法

盖碗由茶盖、茶碗、茶托组成，既可单杯独饮，也可作为泡茶器具冲泡后分杯品饮。盖碗连盖带托，具有保香防烫的特点，最早以冲泡铁观音和花茶为主，以更好地凸显茶的香气，现在白茶、红茶、黑茶和其他乌龙茶等亦可用盖碗冲泡。

冲泡要点：
水温：95～100℃
茶叶克数：3克
茶水比例：1∶50

准备茶具： 盖碗、公道杯、过滤网、品茗杯、茶盘、茶荷、茶则、茶巾。

冲泡步骤：

① **投茶：** 温具后用茶则将干茶投入盖碗中，投茶量为盖碗容量的 1/4 左右，盖上盖摇两下，揭盖闻香。

② **冲水：** 采用回旋冲水法——由低向高上下回旋冲水，冲入约容量 1/4 的开水，再用"凤凰三点头"手法向盖碗内注水至八分满，盖上盖子。

③ **出汤：** 浸泡1~2分钟后将茶汤滤入品茗杯中。拿盖碗时，用食指按在盖纽上，拇指和中指扣住盖碗口沿，提起盖碗，让茶水沿着拇指方向倒进品茗杯中（如果是将盖碗当作茶杯，则无须分茶）。

④ **品茗：** 端杯闻香、观色、啜饮。用左手端托提盖碗于胸前，右手缓缓揭盖，将茶盖内侧朝向自己，凑近鼻端左右平移，嗅闻茶香；然后用茶盖轻轻撇去浮叶，边撇边观汤赏色；最后将茶盖斜盖在碗上，留一小隙小口啜饮。

瓷壶泡茶法

瓷壶造型美观精巧、色泽莹润如玉，能很好地衬托出茶汤的清澈透亮；而且瓷壶无吸水性，密度高，传热、保温性能好，泡茶过程中不会发生化学反应，能最大限度保留茶色、茶香。一般可用小瓷壶冲泡高档红茶、乌龙茶等，大瓷壶适合在人数较多的聚会时冲泡大宗红茶、大宗绿茶、中档花茶等。

冲泡要点：
水温：95 ~ 100℃
茶叶克数：5克
茶水比例：1 : 50

准备茶具： 小瓷壶、公道杯、过滤网、品茗杯、茶盘、茶荷、茶则、茶巾。

冲泡步骤：

① **温具：** 将开水倒入壶中，轻轻旋转壶身温热茶壶，然后将水依次倒入公道杯、品茗杯中，温杯后将水弃掉。

② **投茶：** 趁茶壶还温热时，用茶则将干茶投入壶中，红茶投茶量约为3克，乌龙茶为壶容量的1/4 ~ 1/3。

③ **润茶**：采用悬壶回旋高冲的手法提高水壶冲水，冲水至满壶，盖上壶盖，迅速将茶汤滤入公道杯中。

④ **出汤**：再次采用悬壶高冲的手法向壶中注水，使茶叶在杯中上下翻腾，盖上壶盖，浸泡约3分钟（根据不同茶叶而定）后出汤，将茶汤滤入公道杯中。

⑤ **分茶**：将公道杯中的茶汤分入各品茗杯中，双手将品茗杯端给宾客。如果是自己泡茶，直接品饮即可。

玻璃杯泡茶法

玻璃杯晶莹透明，用于泡茶可以充分观赏茶叶的姿态变化和茶汤的色泽变化，而且玻璃不会吸收茶叶的味道，可使茶汤味道更香浓。适合冲泡名优绿茶、黄芽茶、白茶等，如西湖龙井、洞庭碧螺春、君山银针、白毫银针。

冲泡要点：
水温：75 ~ 85℃
茶叶克数：3克
茶水比例：1 : 50

准备茶具： 玻璃杯、茶盘、茶荷、茶则、茶巾。

冲泡步骤：

1. **温具：** 采用回旋斟水法，向玻璃杯中倒入适量热水，扶住杯底，一手慢慢旋转杯身，回旋1~2周后，将水倒入水盂。

2. **投茶：** 趁杯子仍温热时，用茶则将茶叶轻轻投入杯中。

③ **冲水**：待水温降至80℃时，采用"凤凰三点头"手法冲泡，由低向高将水壶上下连拉三次，向杯中注热水至七分满，用玻璃盖将茶杯盖住，保持水温。

④ **品茗**：约2分钟后即可品饮，观其汤色嫩绿明亮，闻其香气清香幽雅，馥郁如兰，浅啜一口，滋味甘鲜醇和。

part 5

中国七大茶类

绿茶

不发酵茶

在中国茶类中，绿茶是产量最多的一类，分布于各产茶区，其中浙江、安徽、江西三省产量尤高、质量更优，是我国绿茶生产的主要基地。

绿茶属于不发酵茶，是以适宜茶树的新梢为原料，经过杀青、揉捻、干燥等传统工艺制成的茶叶。干茶的色泽和冲泡后的茶汤、叶底均以绿色为主调，好的绿茶具有"清汤绿叶"的品质特点。

绿茶的制作过程中没有经过发酵，成茶含有较多的鲜叶内的天然物质，营养物质损失少，对人体健康较为有益，具有抗衰老、防癌抗癌、杀菌、消炎等保健功效。绿茶中含有茶碱和咖啡因，能活化分解蛋白质肌醇、甘油三酯等物质，可以减少人体内脂肪的堆积，达到排毒瘦身的效果；黄酮醇类能降低血液系统发生病变的概率，可以有效抑制心血管疾病；儿茶素、单宁酸等物质可以抑制细菌滋生，达到预防蛀牙的效果；大量抗氧化剂有助于增强肌肤抵抗力，延缓衰老。

中国绿茶名品非常多，如西湖龙井、洞庭碧螺春、黄山毛峰、信阳毛尖、太平猴魁、六安瓜片等。

绿茶的分类

绿茶的分类方法有很多，例如按产地划分、级别划分、外形划分等。最为常见的绿茶分类方法是按加工工艺划分，即按照杀青和干燥方式不同，将绿茶分为以下四类：

蒸青绿茶

绿茶初制时，采用热蒸汽杀青而制成的绿茶称为蒸青绿茶，具有叶绿、汤绿、叶底绿的"三绿"品质特征，但涩味较重，不及炒青绿茶那样鲜爽。

烘青绿茶

烘青绿茶是在制茶的最后一道工序——干燥时用炭火或烘干机烘干，其芽叶较为完整，汤色清澈明亮，滋味鲜纯，但香气一般不及炒青绿茶高。

炒青绿茶

经锅炒（手工锅炒或机械炒干机炒）杀青、干燥的绿茶称为炒青绿茶，其品质特征为"外形秀丽，香高味浓"，少数高档炒青绿茶有熟板栗香。

晒青绿茶

晒青绿茶是用阳光直接晒干，较为古老且自然的干燥方法。其显著的特征就是有日晒的味道，属于绿茶中较为独特的品种。

绿茶的冲泡

85℃

茶具： 宜选透明度佳的玻璃杯，这样可以欣赏到茶叶在水中舒展的形态。除玻璃杯外，白瓷茶杯也是不错的选择，能映衬出茶汤的青翠明亮。

水温： 冲泡绿茶最适宜的水温是85℃。水温如果太高不利于及时散热，容易将茶汤闷得泛黄而口感苦涩。冲泡两次之后，水温可适当提高。

置茶量： 通常情况下，1克茶叶兑50毫升水。

冲泡方法

- **上投法：** 先一次性向茶杯中倒入足量的热水，待水温适度时再放入茶叶。这种方法需要对水温掌握得非常准确，多适用于细嫩炒青绿茶。

- **中投法：** 先往茶杯中放入茶叶，再倒入1/3的热水，稍加摇动，使茶叶吸足水分舒展开来，再注入热水至七分满，适合较为细嫩的茶叶。

- **下投法：** 先向茶杯中放入茶叶，然后一次性向茶杯内倒入足量的热水，适用于细嫩度较差的绿茶，也属于日常冲泡绿茶最常用的方法。

冲泡时间

- **3次：** 绿茶的冲泡，以前三次冲泡的为最佳，冲泡三遍后的滋味开始变淡。

- **6分钟：** 冲泡好的绿茶应尽快饮完，最好不放置超过6分钟，易使绿茶的口感变差，从而失去绿茶的鲜爽。

绿茶冲泡演示

工具： 玻璃杯、茶荷、水盂、茶道组、水壶、茶巾、茶盘。

步骤：

① **温具：** 玻璃杯中倒入适量开水，旋转使玻璃杯壁均匀受热，弃水不用。

② **置茶：** 用茶则将少许茶叶轻缓投入玻璃杯中。

③ **冲茶：** 玻璃杯中倒入80~85℃的水至七分满，旋转玻璃杯，温润茶叶，使茶叶均匀受热。

④ **赏茶闻香：** 观察茶叶变化及汤色，闻绿茶的清香。

绿茶的选购贮藏

观外形 → 以外形明亮，茶叶大小、粗细均匀，原料细嫩，条索紧结，白毫显露的新茶为佳。

看色泽 → 优质绿茶的干茶颜色翠绿、油润，汤色碧绿明亮。但有些高档细嫩茶叶茶毫多，茶汤会有"毫浑"，是正常现象。

新茶一般都有新茶香。好的新茶，茶香格外明显。绿茶以清香、嫩栗香为佳，有些特殊品种还会显现出花香。 ← **闻香气**

汤色碧绿明澄，汤味鲜爽、鲜醇回甘为上，如入口略涩后回甘生津亦是上品。 ← **品茶味**

捏干湿 → 用手指捏茶叶，若捏不成粉末状，说明茶叶已受潮，含水量较高，不宜购买。绿茶极易陈化变质，失去光润的色泽及特有的香气。

贮藏：

高档绿茶一般采用纸罐、铝罐内衬阻碍性好的软包装，价格中等的还流行用铁罐、铝罐或者易拉罐包装，其保鲜效果都很显著。

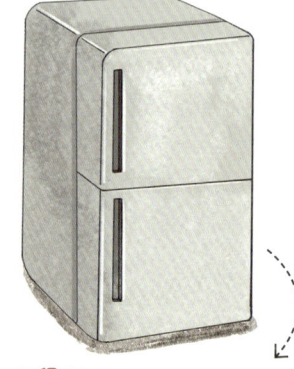

绿茶保存时可以结合使用干燥剂进行干燥，或放入冰箱进行冷藏，其保鲜效果更理想。

开化龙顶

烘青绿茶

产地： 浙江衢州市开化县齐溪乡白云山。

开化龙顶茶是中国的名茶新秀，采于清明、谷雨间。选取茶树上长势旺盛枝梢上的一芽一叶或一芽二叶为原料，炒制工艺分杀青、揉捻、初烘、理条、烘干五道工序。

茶叶特点

外形	紧直俊秀，色泽翠绿
气味	带有幽兰的清香，香气高长
手感	叶底肥壮匀齐，稍有毛茸感

南京雨花茶

炒青绿茶

产地： 江苏省南京市雨花台。

　　雨花茶产自南京雨花台，在谷雨前采摘，一芽一叶，经过杀青、揉捻、整形、烘炒四道工序，全工序皆用手工完成。紧、直、绿、匀是雨花茶的品质特色。雨花茶外形圆绿，如松针，带白毫，紧直，冲泡后茶色碧绿、清澈，香气清幽，滋味醇厚，回味甘甜。

茶叶特点

外形	形似松针，色呈墨绿
气味	气味清幽，有若有若无之感
手感	两端略尖，触摸时稍有扎手

都匀毛尖

炒青绿茶

产地： 贵州省都匀市。

都匀毛尖由毛泽东亲笔命名，又名白毛尖、细毛尖、鱼钩茶、雀舌茶，是贵州三大名茶之一。曾有诗赞云："雪芽芳香都匀生，不亚龙井碧螺春。饮罢浮花清爽味，心旷神怡功关灵！"

茶叶特点

外形	条索卷曲，翠绿油润
气味	高雅、清新，气味纯嫩
手感	卷曲不平，短粗

安吉白茶

烘青绿茶

产地： 浙江省安吉县。

安吉白茶虽然名为白茶，实为绿茶，形似凤羽，色泽翠绿间黄，是一种珍稀的变异茶种，采自一种嫩叶全为白色的茶树。安吉白茶是在特定的白化期内采摘的，经浸泡后叶底也呈现玉白色。

茶叶特点

外形	略扁，挺直如针，芽头肥壮带茸毛
气味	如"淡竹积雪"的奇逸之香
手感	平滑软嫩
汤色	清澈明亮，呈现玉白色

恩施玉露

(蒸青绿茶)

产地： 湖北省恩施市。

恩施玉露历史悠久，是中国保留下来的为数不多的一种蒸青绿茶，自唐时即有"施南方茶"的记载。恩施玉露叶底绿亮、鲜香味爽，而且外形色泽油润翠绿，毫白如玉，因此得名。

茶叶特点

外形	条索紧细
气味	嫩香清爽，馥郁清鲜
手感	匀齐挺直，状如松针

太平猴魁

烘青绿茶

产地： 安徽省黄山市北麓的黄山区新明、龙门、三口一带。

太平猴魁外形两叶抱芽，扁平挺直，自然舒展，白毫隐伏，有"猴魁两头尖，不散不翘不卷边"之称。太平猴魁在谷雨至立夏之间采摘，茶叶长出一芽三叶或四叶时开园，立夏前停采。

茶叶特点

外形	肥壮细嫩，色泽苍绿匀润
气味	香气高爽，带有一种兰花香味
手感	叶底嫩匀，有轻轻细嫩的感觉

顾渚紫笋

炒青绿茶

产地： 浙江省湖州市长兴县水口乡顾渚山。

顾渚紫笋茶亦称湖州紫笋、长兴紫笋，茶芽细嫩，色泽带紫，其形如笋，因此得名为"紫笋茶"，有"青翠芳馨、嗅之醉人、啜之赏心"之誉。每年清明节前至谷雨期间，采摘一芽一叶或一芽二叶初展。

茶叶特点

外形	芽形似笋，色泽翠绿
气味	香气馥郁
手感	柔薄细嫩
汤色	清澈明亮

红茶

全发酵茶

红茶是我国销量最大的出口茶，出口量占我国茶叶总产量的50%左右。红茶属于全发酵茶，是以适宜制作本品的茶树新芽叶为原料，经萎凋、揉捻、发酵、干燥等工艺精制而成，因干茶色泽、冲泡后的茶汤和叶底以红色为主调而得名。

红茶清饮口感清香醇厚，入口后茶汤强劲而浓郁，饮后喉间有久久不去的回味感，滋味香甜醇和，且性质温和，非常适合女性朋友饮用。除了采用清饮的方式喝红茶外，还可以采用调饮的方式。红茶名茶品类较多，如祁门红茶、滇红工夫、政和工夫、闽红工夫、九曲红梅、宜红工夫等。

红茶茶叶中的咖啡碱不仅能刺激大脑皮层兴奋神经中枢，消除疲劳感，还能和芳香物质联合作用，增强肾脏的血流量，提高肾小球的过滤率，并抑制肾小管对水的再吸收，从而达到利尿的功效；茶中的多酚类、糖类有刺激唾液分泌的作用，所以红茶也具有生津的功效。

红茶的分类

按制法红茶主要有三种类型,即红碎茶、工夫红茶和小种红茶,茶叶的形状分为不同的规格:白毫、碎白毫、片茶、小种、茶粉。

小种红茶

小种红茶起源于16世纪,同时也是我国红茶的始源,是福建省的特产,因其产地和品质的不同,又分为正山小种和外山小种。

红碎茶

红碎茶是指在加工过程中,将鲜叶加工后制作成颗粒状,与普通红茶的碎末不可混为一谈。近年来红碎茶的产量逐渐增多,品质也越来越好。红碎茶是国际茶叶市场的大宗产品,包括滇红碎茶、南川红碎茶等品种。

工夫红茶

工夫红茶因制作工艺讲究、技术性强而得名。加工过程中要求发酵时一定要等绿叶变成铜红色才能烘干,而且要烘出香甜浓郁的味道才算恰到好处。工夫红茶从小种红茶演变而来,较著名的品种有滇红工夫、祁门工夫红茶。

红茶的冲泡

95~100℃

茶具： 宜用白色瓷杯或瓷壶冲泡，条件允许的情况下使用骨瓷茶具最佳。

水温： 红茶适合用沸水冲泡，最适宜水温是95~100℃。水温如果太高则不利于及时散热，容易将茶汤闷得泛黄而口感苦涩。冲泡两次之后，水温可以适当提高。

置茶量： 通常情况下，1克茶叶兑50毫升水。

冲泡方法

- **清饮法：** 将红茶茶叶放入茶壶中，加沸水冲泡，再将茶汤注入茶杯中品饮，不在茶汤中加任何调味品。
- **调饮法：** 在泡好的茶汤中加糖、牛奶、蜂蜜等调味。

冲泡时间

- **2分钟：** 细嫩茶叶的冲泡时间约2分钟
- **3分钟：** 大叶茶的冲泡时间约3分钟。
- **40~90秒：** 袋装红茶，只需40~90秒。

红茶冲泡演示

工具： 白瓷壶、品茗杯、公道杯、茶滤、茶荷、茶道组、水壶、茶巾、茶盘。

步骤：

① **温具：** 热水烫洗一遍茶具，水弃掉不用。

② **置茶：** 用茶则将红茶叶拨入白瓷壶中。

③ **洗茶：** 白瓷壶中倒入90℃的开水，弃茶水不用。

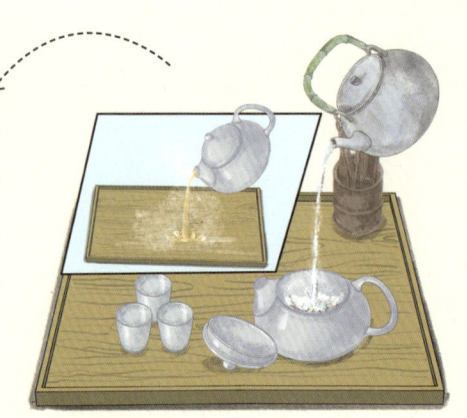

④ **冲茶：** 白瓷壶中倒入开水，将茶水通过茶滤注至公道杯中。

⑤ **分茶：** 将公道杯中的茶汤一一分到各个品茗杯中。

红茶的选购贮藏

观外形 → 好的红茶茶芽较多、高,小叶种红茶条形细紧,大叶种红茶肥壮紧实,色泽乌黑有油光,茶条上金色毫毛较多。

看颜色 → 好的红茶色泽乌黑油润,汤色红亮,碗壁与茶汤接触处有一圈金黄的光圈。

上等红茶香气甜香浓郁,若伴有酸馊气或陈腐味,则说明保管不当已变质。 ← **闻味道**

购买红茶前,先要了解红茶的产地,不同茶区生产的茶叶及调制方法不同,口味也不同。 ← **看产地**

看包装 → 茶包通常都是碎红茶,冲泡时间短,适合上班族饮用,如果要喝产地茶或特色茶,最好买罐装红茶。

贮藏: 红茶的贮藏以干燥、低温、避光的环境为最佳。

铁罐贮藏法选用市场上常见的马口铁双盖茶罐作为容器,将干燥的茶叶放入,再加盖进行密闭处理,但不宜长期储存。

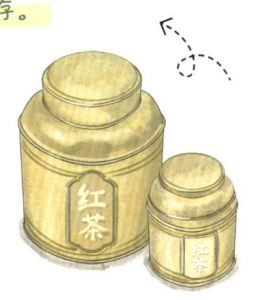

将茶叶放入容器后密封,再放入冰箱内即可,冰箱内温度控制在5℃以下。

正山小种

小种红茶

产地： 福建省武夷山市。

正山小种是最古老的一种红茶，又称"拉普山小种"，茶叶用松针或松柴熏制而成，有着非常浓烈的香味。因为熏制而成，茶叶呈黑色，但茶汤为深红色。

茶叶特点

外形	紧结匀整，铁青带褐
气味	带有天然花香
手感	油润

九曲红梅

工夫红茶

产地： 浙江省杭州市周浦乡。

　　九曲红梅简称"九曲红"，因色红香清如红梅而得名，是杭州西湖区另一大传统拳头产品，是红茶中的珍品。以湖埠大坞山所产的品质最佳。

茶叶特点

外形	弯曲如钩，乌黑油润
气味	高长而带松烟香般的气味
手感	茶叶条索疏松，手感较差

金骏眉

小种红茶

产地： 福建省武夷山市。

金骏眉是在正山小种红茶传统工艺基础上，用创新工艺研发的高端红茶。茶叶摘于武夷山海拔1200~1800米高山的原生态野茶树，是茶中珍品。

茶叶特点

外形	圆而挺直，金黄油润
气味	带有复合型的花果香，清香悠长
手感	重实

川红工夫

工夫红茶

产地： 四川省宜宾市。

　　川红工夫是中国三大高香红茶之一，顶级川红"早白尖"金芽秀丽，香气鲜嫩浓郁，回味悠长，获得了人们高度赞誉。

茶叶特点

外形	肥壮圆紧，乌黑油润
气味	清幽中带有杨糖香
手感	手感光滑

滇红工夫

工夫红茶

产地： 云南省临沧市。

滇红工夫茶以外形肥硕紧实、金毫显露和香高味浓的品质独树一帜。该茶叶的多酚类化合物、生物碱等成分含量，居于中国茶叶之首。

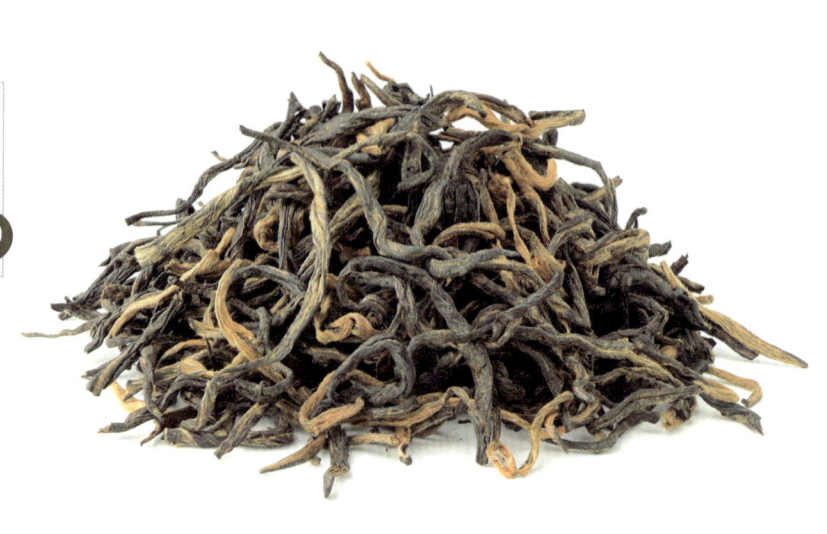

茶叶特点

外形	紧直肥壮，乌黑油润
气味	气味馥郁，高醇持久
手感	油润光滑

坦洋工夫

工夫红茶

产地： 福建省福安市坦洋村。

坦洋工夫为历史名茶，是福建三大工夫茶之一。坦洋工夫冲泡后滋味浓醇鲜爽，醇甜，有桂圆香气，汤色红亮，叶亮红明，饮之回味无穷，选取每年4月上旬一芽二叶或一芽三叶的嫩叶为原料。

茶叶特点

外形	紧细匀直，乌润有光
气味	香味醇正，香高持久
手感	茸毛居多，手感柔软

政和工夫

工夫红茶

产地： 福建省政和县。

政和工夫茶为福建三大工夫茶之一，以大茶为主体，毫多味浓，又适当拼以高香之小茶，因此高级政和工夫体态匀称、毫心显露、香味俱佳。

茶叶特点

外形	条索肥壮，乌黑油润
气味	浓郁芬芳，有一股颇似紫罗兰的香气
手感	手感轻盈，质感较好

宜兴红茶

工夫红茶

产地： 江苏省宜兴市。

宜兴红茶，又称阳羡红茶，又因其兴盛于江南一带，故享有"国山茶"的美誉。宜兴红茶源远流长，唐朝时誉满天下，"茶仙"卢仝曾有诗句赞云："天子未尝阳羡茶，百草不敢先开花。"

茶叶特点

外形	紧结秀丽，乌润显毫	汤色	红艳鲜亮
气味	隐现玉兰花香	口感	鲜爽醇甜
手感	手感匀细	叶底	鲜嫩红匀
香气	清鲜纯正		

白茶

轻发酵茶

白茶属于轻微发酵茶，是我国茶类中的特殊珍品，是中国七大茶类之一，为福建的特产，主要产区在福鼎、政和、松溪、建阳等地。基本工艺包括萎凋、烘焙（或阴干）、拣剔、复火等工序。因其成品茶多为芽头，以细嫩、叶背多茸毛的芽叶，经萎凋和干燥制成，加工时不炒、不揉，晒干或用文火烘干，使得白茸毛较为完整地保留下来呈现出"满披白毫，如银似雪"，因而得名，汤色黄绿清澈，滋味清淡回甘。

白茶的成茶，白色茸毛越多，品质越好。优质白茶毫色银白闪亮，有"绿妆素裹"之美感，且芽头肥壮、汤色黄亮、滋味鲜醇、叶底嫩匀。

白茶的药用功效较为明显，可以解毒、防暑，陈年的白茶可以用作患有麻疹的幼儿的退烧药，清代《闽小记》记载："白毫银针，产太姥山鸿雪洞，其性寒，功同犀角，是治麻疹之圣药。"

白茶中含有人体所必需的活性酶，长期饮用白茶可以提高体内脂酶活性，加速脂肪分解代谢，控制胰岛素的分泌量，从而具有促进血糖平衡的作用；白茶中还含有丰富的维生素A，可以预防夜盲症与眼干燥症；白茶片富含二氢杨梅素，具有保肝护肝的作用，同时还能降低乙醇对肝脏的损伤，用来解酒醒酒。

白茶的分类

白茶因茶树品种、鲜叶采摘的标准不同,可分为芽茶和叶茶。

白芽茶

白芽茶是用大白茶或其他茸毛特多品种的肥壮芽头制成,外形芽毫完整,满身披毫,即"银针"属于轻微发酵茶,多产自福建。

白叶茶

白叶茶是用芽叶茸毛多的品种制成,特别之处在于其自身带有的特殊花蕾香气,成品冲泡后形态有如花朵的称为"白牡丹",采自菜茶茶树的芽叶制成的成品称为"贡眉",制作"银针"时采下的嫩梢经"抽针"后,用剩下的叶片制成的成品称为"寿眉"。

白茶的冲泡

90℃

茶具： 白茶的冲泡较自由，可选用的茶具较多，有玻璃杯、盖碗、茶壶、瓷壶等。

水温： 冲泡白茶时选择90℃左右的开水，来温杯、洗茶、泡茶。

置茶量： 小容器冲泡，置茶量为5~10克；如果用较大容器冲泡，则置茶量为10~15克。

冲泡方法

- **杯泡法：** 取透明玻璃杯一个，放入适量白茶，先注入少许90℃开水洗茶温润，再注入剩余开水至玻璃杯八分满，稍温泡几秒即可品饮。可根据个人口感自由掌握置茶量。

- **盖碗法：** 取盖碗一个，入白茶洗茶，再注入开水至溢出盖碗，静置30~45秒后即可出汤。

- **壶泡法：** 取紫砂壶一个，注入开水洗茶，再注入剩余开水至八分满即可。

- **大壶法：** 取大瓷壶一个，放入10~15克白茶，直接注入90℃开水冲泡，稍静置40秒即可倒出茶汤品饮。

- **煮饮法：** 取煮水锅一个，倒入适量清水，再投入10克左右的白茶，小火煮3分钟左右至出浓茶汤，待凉至70℃左右即可品饮。

冲泡时间

白茶较耐冲泡，一般在冲泡入沸水40秒后，即可出汤品饮，具体可根据个人喜好，稍快或稍慢出汤。

白茶冲泡演示

工具： 玻璃杯、茶荷、水盂、茶道组、水壶、茶巾、茶盘。

步骤：

① **温具：** 用热水烫洗一遍茶具，弃水不用。

② **置茶：** 将茶荷中的少许茶叶用茶匙轻缓拨入玻璃杯中。

③ **温茶：** 玻璃杯中倒入75～80℃的水，旋转玻璃杯，温润茶叶使茶叶均匀受热，再次倒入75～80℃水至七分满。

④ **赏茶品茶：** 观察茶叶变化及汤色，闻香之后再品尝其滋味，白茶入口后甘醇清鲜。

白茶的选购和贮藏

观外形 → 白色茸毛越多,品质越好。以毫色银白,外形条索或肥嫩全芽,或芽叶连枝,毫芽肥壮为上;无芽为次;毫芽瘦小、稀少,叶张、老嫩不匀的不宜选购。

看色泽 → 色泽以鲜亮、褐绿为好,色泽棕褐为次,花杂、暗红、焦红边为差。

香气以毫香浓郁、清鲜纯正为上,淡薄、生青气、发霉失鲜、有红茶发酵气为次。 ← **闻香气**

汤色以橙黄明亮或浅杏黄色为好,红、暗、浊为劣。 ← **观汤色**

品滋味 → 以鲜美、醇爽、清甜为上,喝起来粗涩、淡薄的为差。

看叶底 → 叶底嫩度以匀整、毫芽多,叶张呈灰绿色而叶脉微红为上。带硬梗、叶张破碎、粗老为次。

贮藏: 要选择干燥、低温、避光的地方贮藏白茶。

将白茶用塑料袋或者陶瓷罐、铁罐装起来,进行密封,之后将茶叶贮藏在冰箱冷藏室内,贮藏温度最好为5℃,避免阳光折射。

白毫银针

（白芽茶）

产地： 福建省福鼎市。

    白毫银针简称银针或白毫，有茶中"美女""茶王"的美称。鲜叶原料全部是茶芽，白毫银针形状似针，白毫密被，色白如银，因此命名为白毫银针。冲泡后，香气清鲜，滋味醇和。

茶叶特点

外形	茶芽肥壮
气味	清鲜温和
手感	肥嫩光滑

白牡丹

白叶茶

产地： 福建福鼎、建阳、松溪等地。

　　白牡丹是中国福建历史名茶，用福鼎大白茶、福鼎大毫茶为原料，经过传统工艺加工而成。因其形似花朵，冲泡后绿叶托着芽，宛如初放，故得名白牡丹。

茶叶特点

外形	叶张肥嫩
气味	毫香鲜嫩，香味持久
手感	肥壮，触碰时有茸毛感

贡眉

白叶茶

产地： 福建南平市建阳区。

　　用茶芽叶制成的毛茶称为"小白"，以区别于福鼎大白茶、政和大白茶茶树芽叶制成的"大白"毛茶。优质贡眉色泽灰绿或翠绿、鲜艳，有光泽，毫心洁白，叶张伏贴，两边缘略带垂卷形，叶面有明显的波纹，嗅之没有"青气"。

茶叶特点

外形	形似扁眉
气味	鲜醇有毫香
手感	扁薄滑腻

黑茶

后发酵茶

　　黑茶是中国特有的茶类，生产历史悠久，品种花色多样，主要产于云南、湖南、湖北、四川、广西等地。黑茶一般采用较成熟的原料制作，其加工工艺有杀青、揉捻、渥堆、干燥，茶叶品质常表现为茶叶粗老、色泽细黑、汤色橙黄、香味醇厚等特征。黑茶属于后发酵茶，存放的时间越久，其味越醇厚，品质越优。

　　黑茶中的名品主要有普洱茶、四川边茶、六堡散茶、湖南黑茶、茯砖茶、黑砖茶、老青茶、老茶头等。

　　黑茶是我国藏族、蒙古族等民族日常生活中的必需品，黑茶富含维生素、矿物质、氨基酸、糖类等营养物质，对饮食中缺少蔬菜和水果的西北地区居民来说，黑茶可以满足人体所需矿物质和维生素，因此当地有着"宁可三日无食，不可一日无茶"的说法。

　　黑茶中的咖啡碱、维生素等有助于调节人体脂肪代谢，提高胃液分泌量，从而达到增进食欲、助消化的效果；黑茶中含量丰富的茶多糖具有降低血脂和血液中过氧化物活性的作用，所以多喝黑茶可以降血脂、防治心血管疾病。

黑茶的分类

按照产区的不同和工艺上的差别，黑茶可分为以下几种：

云南黑茶

主要是指经后发酵的普洱茶。普洱茶以滇青散茶为原料，经过发酵、压制等制作工艺制成紧压茶，如饼茶、砖茶等，是云南省的传统名茶。

广西黑茶

主要指苍梧县六堡乡的六堡茶，以金花为佳，分为散茶和篓装紧压茶两种。

湖南黑茶

湖南黑茶主要是指产于益阳一带的茯砖、黑砖、安化黑茶等。

湖北黑茶

湖北黑茶是指产于赤壁、咸宁等地区，以老青茶为原料，蒸压成砖形的"老青砖茶"。

四川黑茶

四川黑茶也可称四川边茶，又分南路边茶和西路边茶两种，其成品茶品质优良，经熬耐泡。

黑茶的冲泡

100℃

茶具： 一般选用煮水锅或者陶瓷杯、紫砂杯进行冲泡，有时也会采用盖碗直接饮用或倒入小杯中品饮。

水温： 黑茶的茶叶较老，至少要100℃的沸水进行冲泡，才能保证黑茶出汤后的茶汤品质。

置茶量： 10~15克。

冲泡方法

- **煮饮法：** 取煮水锅一个，倒入约500毫升水，待水沸，投入10~15克黑茶，至锅中水滚沸后，改小火再煮2分钟，即可关火，过滤掉茶渣，取清澈茶汤品饮。在少数民族地区有时还会加点盐或奶与茶汤混合，制成颇具特色的奶茶。
- **盖碗法：** 取盖碗一个，投入15克黑茶，再按茶水1∶40的比例，倒入100℃沸水冲泡，稍闷泡，使黑茶的茶味完全泡出，即可将茶汤倒入小杯中品饮。
- **杯泡法：** 取紫砂杯或陶瓷杯一个，投入5克黑茶，再按茶水1∶40的比例，倒入100℃沸水冲泡，因黑茶较老，泡茶时间可较长，静置2~3分钟再倒出茶汤饮用即可。

冲泡时间

因黑茶的发酵时间较长，成品茶叶较老，在冲泡过程中可以闷泡稍长时间再出汤，每次闷泡2~5分钟。

黑茶冲泡演示

工具： 紫砂壶、品茗杯、公道杯、茶滤、茶荷、茶道组、水壶、茶巾、茶盘。

步骤：

① **温具：** 用热水烫洗一遍茶具，弃水不用。

② **置茶：** 用茶匙将茶叶拨入紫砂壶中。

③ **洗茶：** 用100℃的热水冲入壶中，黑茶冲泡需连洗两遍，洗茶水直接弃用，也可用来淋壶。

初识茶味

125

④ **冲茶**：再次倒入沸水冲泡，静置 2~3分钟，将茶汤通过茶滤倒入公道杯。

⑤ **分茶**：将公道杯中的茶汤一一分到各个品茗杯中，黑茶入口后滋味醇厚，回甘十分明显。

黑茶的选购和贮藏

观外形 → 看干茶色泽、条索、含梗量。紧压茶砖面完整，模纹清晰，棱角分明，侧面无裂缝；品质好的散茶条索匀齐、油润，有一定的含梗量。

看汤色 → 好的黑茶干茶乌褐油润；新黑茶汤色橙黄明亮、陈茶汤色红亮如琥珀，汤色不浑浊为上，汤色浑厚如酱油样的不宜选购。

闻干茶香，黑茶有发酵香，带甜酒香或松烟香。陈茶有陈香，其香内敛，有烂、馊、酸、霉、焦和其他异杂味者为次品。 ← **闻香气**

品滋味 ← 初泡入口甜、润、滑，味厚而不腻，回味甘甜；中期甜纯带爽，入口即化；后期汤色变浅后，茶味仍沉甜纯，无杂味。喝起来喉咙干燥，咽喉不适为差。

看用途 → 黑茶一般有收藏增值和供自己饮用两种用途。如果是用于增值收藏，在选购时要考虑到茶品的历史意义和收藏价值，尽量选购生产批量小、品牌信誉度好、外形美观及有生产日期和生产厂家的茶品。

贮藏：

不可直接日晒，应放置于阴凉的地方，以免黑茶急速氧化。

黑茶不宜用塑料袋密封，可使用牛皮纸等通透性较好的包装材料进行包装。

贮藏的位置应通风，且不与有异味的物品存放在一起，以避免茶叶霉变、变味，加速茶体的湿热氧化过程。

知名黑茶鉴赏

云南七子饼

云南黑茶

产地： 云南省大理市。

云南七子饼亦称"圆饼"，以普洱散茶为原料制成，是云南普洱茶中的著名产品。七子饼茶外形结紧端正、松紧适度，滋味醇厚、回甘生津，经久耐泡。熟饼呈现猪肝色，生饼一般呈青棕、棕褐色，储存适宜的情况下越陈越香。

茶叶特点

外形	紧结端正
气味	带有特殊陈香或桂圆香
手感	嫩匀

六堡茶

广西黑茶

产地： 广西苍梧县六堡乡。

六堡茶以"红、浓、陈、醇"四绝著称，品质优异，风味独特，六堡茶分为散茶和紧压茶两种。民间常把已贮存数年的陈六堡茶，用于治疗痢疾、除瘴、解毒，被视为养生保健的珍品，耐于久藏、越陈越香。

茶叶特点

外形	条索长整
气味	有独特的槟榔香气
手感	光润平整

柑普茶

双拼黑茶

产地：陈皮产自广东省新会市，普洱茶叶产自云南省西双版纳傣族自治州。

　　柑普茶，又称陈皮普洱茶、橘普茶。柑普茶是选取了新会陈皮（大红柑或小青柑）与云南陈年熟普洱，经过一系列复杂的制作工序加工而成的特型紧压茶。

茶叶特点

外形	果圆完整，红褐光润
气味	带有果味的浓郁陈香
手感	均匀润滑

凤凰普洱沱茶

云南黑茶

产地： 云南省南涧彝族自治县。

　　凤凰普洱沱茶以无量山优质大叶种青毛茶为原料加工而成。具有美发的效果，洗过头发后，再用该茶水洗涤，可以使头发乌黑柔软，富有光泽。

外形	紧结端正
气味	芳香纯正
手感	柔软
汤色	橙黄明亮

黄茶

不发酵茶

黄茶属于轻发酵茶类，黄茶具有绿茶的清香、红茶的香醇、白茶的清爽以及黑茶的厚重，其品质特点是"黄叶黄汤"。

其杀青、揉捻、干燥等工序与绿茶制法相似，关键差别就在于闷黄的工序。人们在炒青绿茶的过程中发现，杀青、揉捻后干燥不足或不及时，叶色会发生变黄的现象，于是发现了茶的新品种——黄茶，制茶过程中进行闷堆渥黄是黄茶特有的加工工序。

黄茶在制作的过程中会产生大量的消化酶，能缓解消化不良、食欲不振等不适情况；黄茶鲜叶中保留着大量天然物质，这些物质对杀菌、消炎有特殊效果，是其他茶叶所不及的。

黄茶的分类

黄茶按照鲜叶采摘的老嫩程度和芽叶的大小，可分为黄芽茶、黄小茶和黄大茶。

黄芽茶

黄芽茶的茶芽最细嫩，是采摘鲜嫩、肥壮且是春季萌发的单芽加工制成，幼芽色黄而多白毫，故名黄芽，香味鲜醇。黄芽茶细分可分为银针和黄芽，银针黄芽茶要求叶要"细嫩、新鲜、匀齐、纯净"。最有名的黄芽茶品种有君山银针、蒙顶黄芽和霍山黄芽。

黄大茶

黄大茶对茶芽的采摘要求较为宽松，其鲜叶采摘要求大枝大杆，一般一芽三四叶或四五叶，长度为10～13厘米制成成品茶。黄大茶是中国黄茶中产量最多的一类，例如安徽省的霍山黄大茶、广东省的大叶青等。

黄小茶

黄小茶对茶芽的要求不及黄芽茶细嫩，但也秉承了"细嫩、新鲜、匀齐、纯净"的原则，要采摘较为细嫩的芽叶进行加工，一芽一二叶，制成的成品茶条索细小。黄小茶目前在国内的产量不大，主要品种有北港毛尖、沩山毛尖、远安鹿苑和平阳黄汤等。

黄茶的冲泡

85℃

茶具： 宜选择玻璃杯或者茶碗进行冲泡。选择玻璃杯更适合欣赏茶叶在冲泡过程中的变化，而选择茶碗则对冲泡工艺更讲究，更适合用于品尝茶汤的滋味。

水温： 宜控制在90℃左右，可以更好地让黄茶溶于水中。

置茶量： 冲泡黄茶时的置茶量通常宜控制在所选茶具的1/4左右。

冲泡方法

- **传统黄茶冲泡法：** 先清洁茶具，按置茶量放入茶叶，再按茶水比例先倒入一半的水，浸泡黄茶叶约1分钟，再倒入另一半水；冲泡的时候提高水壶，让水自高而下冲，反复提举三次，有利于提升茶汤的品质。
- **简易黄茶冲泡法：** 取玻璃杯或白瓷杯，根据个人口味放入适量茶叶，冲入90℃的少量沸水，泡30秒，再冲水至八分满，静置2～3分钟后即可饮用。一次茶叶最多可冲泡三四次茶汤。

冲泡时间

通常黄茶第一泡的冲泡时间宜控制在3秒左右，但第一泡的茶水应倒掉。接着再继续冲泡，时间可适当增加至四五秒，但也不宜泡太久，否则容易散失黄茶的香味。

黄茶冲泡演示

工具： 玻璃杯、茶荷、水盂、茶道组、水壶、茶巾、茶盘。

步骤：

① 温具：用热水烫洗一遍茶具，弃水不用。

② 置茶：将茶荷中的少许茶叶用茶匙轻缓拨入玻璃杯中。

③ 冲茶：玻璃杯中倒入75~80℃的水，旋转玻璃杯，温润茶叶使茶叶均匀受热，再次倒入75~80℃水至七分满。

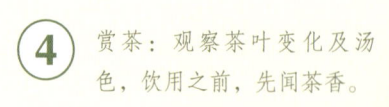

④ 赏茶：观察茶叶变化及汤色，饮用之前，先闻茶香。

黄茶的选购和贮藏

观外形 → 黄芽茶外形挺直匀实，茸毛显露；黄大茶以梗壮叶肥为佳。

观色泽 → 优质黄茶的干茶和茶汤色泽黄亮，如果干茶枯灰黄绿，茶汤黄褐浑浊，则为次品。

黄芽茶以毫香、清香优雅者为好，如香气低浊则不佳。 ← 闻香气

好的黄芽茶汤味醇回甘，黄大茶滋味醇和，有锅巴香。 ← 品茶味

贮藏：

家庭贮藏黄茶，一般可以先将其放入干燥、无异味的容器内，尽量隔绝空气，再加盖密封，还要注意避免阳光照射、远离高温。

不应与容易串味的物品放在一起，这样便可较长时间保证黄茶的品质。

霍山黄芽

黄芽茶

产地： 安徽霍山。

霍山黄芽源于唐朝之前，唐李肇《国史补》曾把霍山黄芽列为贡品名茶之一，制作技术早已失传，后来经研制恢复了黄芽茶的生产，但生产工艺和品质更接近于绿茶。特级霍山黄芽外观油润，绿润泛黄。

茶叶特点

外形	形似雀舌，嫩绿披毫
气味	清香持久
手感	鲜嫩柔软

鹿苑毛尖

（黄小茶）

产地： 湖北省远安县鹿苑寺。

  鹿苑毛尖创制于宋代，在清代乾隆年间，被选为贡茶。清代高僧金田称颂鹿苑茶为绝品："山精石液品超群，一种馨香满面熏，不但清心明目好，参禅能伏睡魔军。"

茶叶特点

外形	条索环状，白毫显露，色泽金黄
气味	香气高长
手感	粗糙，有凸起感

乌龙茶

半发酵茶

乌龙茶也称青茶,因其创始人苏龙(绰号"乌龙")而得名,主要产地在福建的北部、南部及广东、台湾三地。

乌龙茶是介于绿茶(不发酵)与红茶(全发酵)之间的半发酵茶。因发酵程度不同,不同的乌龙茶,其滋味和香气也有所差异,但都具有花香浓郁、香气高长的特点。乌龙茶的基本工艺过程是晒青、晾青、摇青、杀青、揉捻、干燥。乌龙茶的特点是"绿叶红镶边",滋味醇厚回甘,既有绿茶的清香和花香,也有红茶的甘醇,品尝后齿颊留香、回味无穷。

乌龙茶可以使人体内的维生素C保持在较高水平,维生素C具有增强人体抗衰老能力的作用,因此饮用乌龙茶可以抗衰老;乌龙茶还具有降低血液黏稠度,增强血液流动性,改善体内微循环的作用。如果进食了太过油腻的食物,喝杯乌龙茶可以去油解腻。

乌龙茶的分类

乌龙茶从外形上区分有条形、半球形或颗粒形；从产地上区分，又可以分为以下四种：

闽北乌龙茶

闽南乌龙和闽北乌龙都属于福建乌龙茶，因做青程度不同而略有差别。闽北乌龙大多发酵较重，主要产于福建省北部的武夷山一带，以武夷岩茶最为著名，还有闽北水仙、大红袍、武夷肉桂、铁罗汉等。

闽南乌龙茶

主要产于福建省南部的安溪县、永春县、平和县等地区，此地的乌龙茶发酵较轻，以安溪铁观音、黄金桂、闽南水仙、永春佛手等名茶为主要代表，其制作严谨、技艺精巧，在国内外享有盛誉。

广东乌龙茶

广东乌龙茶是中国独有的茶类，其生产历史源远流长，主要产于广东省东部凤凰山区一带及潮州、梅州等地，发酵程度要比闽北乌龙的发酵程度低。代表名茶有凤凰水仙、凤凰单丛、岭头单丛、大叶奇兰等，其中凤凰单丛和岭头单丛品质较好，生长环境优良，制作考究，茶叶品质高。

台湾乌龙茶

台湾乌龙茶主要产自台湾省阿里山脉、南投县、花莲等地区，可以细分为轻发酵乌龙茶、中发酵乌龙茶和重发酵乌龙茶三种。其发酵程度轻重不一，代表名茶有文山包种、冻顶乌龙、阿里山乌龙等。

乌龙茶的冲泡

100℃

茶具： 传统泡乌龙茶的器具，包括茶壶、茶杯、茶海、茶盅、茶荷、茶匙、水盂等。待客时最好选用紫砂壶或盖碗，平日可使用普通的陶瓷壶，杯具最好用精巧的白瓷小杯。

水温： 乌龙茶对冲泡水温的要求最高，要100℃。唐代茶圣陆羽把开水分为三沸："其沸，如鱼目，微有声，为一沸；缘边如涌泉连珠，为二沸；腾波鼓浪，为三沸。"其中，二沸的水，茶汁浸出率高，茶味浓、香气高，更能品饮出乌龙茶的韵味。

置茶量： 由于乌龙茶的叶片比较粗大，且要求冲泡出来的茶汤滋味浓厚，所以，茶叶的用量以装满紫砂壶容积的1/2为宜，约重10克。

冲泡方法

● **沸水冲泡法：**

▲ 先是温壶、温茶海，可提升茶壶温度，以避免茶叶冲泡过程中遇冷、遇热悬殊而影响茶质。

▲ 投入茶叶后，先温润泡。泡茶后还要洗茶，用沸水冲入漫过茶叶时便立即将水倒出，这样可洗去浮尘和泡沫。

▲ 洗茶后即可第二次冲入沸水使之刚溢出壶盖沿，以淋洗壶身来保持壶内水温。

▲ 温杯后即可冲泡，将茶汤分别倒入茶杯中，但不宜倒满茶杯。

● **冷水冲泡法：**

需要一个可容1升水的白瓷茶壶，洗净后投茶10~15克，接着注水，冲入少量温开水洗茶后倒掉，马上冲入低于20℃的冷水，冷藏4小时后即可倒出饮用。

乌龙茶冲泡演示

工具： 紫砂壶、品茗杯、公道杯、茶滤、茶荷、茶道组、水壶、茶巾、茶盘。

步骤：

① **温具：** 用热水烫洗一遍茶具，弃水不用。

② **置茶：** 用茶匙将乌龙茶叶拨入紫砂壶中。

③ **洗茶：** 用100℃的热水冲入壶中，洗茶水直接弃用，也可用来淋壶。

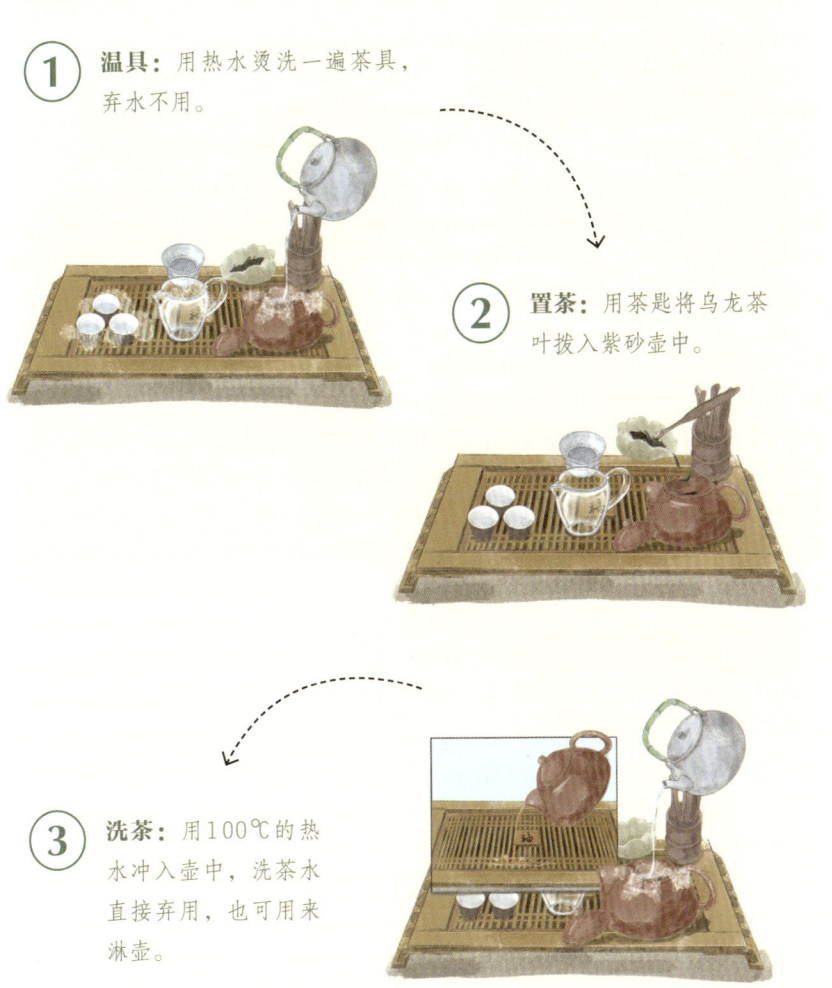

④ **冲茶**：再次倒入沸水冲泡，静置15秒，将茶汤通过茶滤倒入公道杯。

⑤ **分茶**：将公道杯中的茶汤分入各个闻香杯中。

⑥ **闻香**：将品茗杯倒扣在闻香杯上，端起闻香杯闻香，乌龙茶香气馥郁持久，乌龙茶入口后滋味醇厚甘鲜。

乌龙茶的选购和贮藏

看外观 → 闽南乌龙茶为卷曲形状，以卷曲重实的为佳；闽北乌龙茶为直条形状，以条索紧结的为佳。色泽油亮、砂绿鲜亮为佳。

掂重量 → 用手掂一掂，感觉轻重，重者为优，轻者为次。

闻香气 ← 一闻其花香是否纯正，是何香型；二闻花香是浓是淡，稍有花香或有酵香。

观茶汤 ← 优质乌龙茶茶汤颜色为金黄色或橙黄色而且清透，不浑浊，不暗，无沉淀物。冲泡三四次而汤色仍不变淡者为上。劣质乌龙茶茶汤呈暗红色。

品茶味 → 汤味醇厚回甘，饮后齿颊留香为上。茶汤不应带有苦味、涩味、酵味、酸味、馊味、烟焦味及其他异味。

贮藏：

用瓷罐或锡罐装入乌龙茶，尽量填满空隙，再加盖密封贮藏起来，要注意防潮、避光，远离污染源，避免乌龙茶与有毒、有害、易污染的物品接触而变味。

贮藏乌龙茶，要保证存放的地方清洁、卫生，最好是放于冰箱内，尽量不要放在厨房，或者有香皂、樟脑丸、调味品的柜子里，以免吸收异味。

武夷肉桂

知名乌龙茶鉴赏

闽北乌龙茶

产地： 福建武夷山。

武夷肉桂，又名玉桂，除了具有岩茶的滋味特色外，还有高香茶的香气辛锐持久的特点。武夷肉桂外形条索匀整卷曲，色泽褐绿，油润有光，桂皮香明显，香气久泡犹存。

茶叶特点

外形	匀整卷曲，紧结壮实
气味	奶油和花果香，桂皮香明显
手感	光滑，有韧性

冻顶乌龙

台湾乌龙茶

产地： 台湾凤凰山的冻顶山一带。

　　冻顶乌龙茶俗称冻顶茶，知名度极高，是台湾包种茶的一种，主要是以青心乌龙为原料制成，一年四季均可采摘。

茶叶特点

外形	紧结卷曲，色泽墨绿油润，边缘隐现金黄色
气味	带花香、果香，持久高远
手感	紧实饱满

凤凰单丛

广东乌龙茶

产地： 广东潮州市凤凰镇乌岽山。

  凤凰单丛是凤凰水仙中的一个等级，因香气独特，有明显黄栀子花香而得名。成品外形条索粗壮，匀整挺直，色泽黄褐，油润有光，并有朱砂红点者为上品。

茶叶特点

外形	条索粗壮，色泽乌润油亮
气味	黄栀子香，香高持久
手感	有韧性

永春佛手

闽南乌龙茶

产地： 福建省永春县。

永春佛手又名香橼、雪梨，是乌龙茶类中风味独特的名贵品种之一。产于闽南著名侨乡永春县，此地处戴云山南麓，全年雨量充沛，适合茶树生长。佛手茶树品种有红芽佛手与绿芽佛手两种，以红芽为佳。

茶叶特点

外形	紧结肥壮，卷曲重实，色泽乌润砂绿
气味	浓锐幽长，似香橼香
手感	重实，抚之有磨砂感
汤色	橙黄清澈

台湾乌龙茶

产地： 台湾省阿里山茶区。

　　金萱茶，又名"台茶十二号"，产于台湾高海拔之山脉，此地常年云雾缭绕，为乌龙茶生长之最佳环境。茶汤呈清澈蜜绿色，具独特天然牛奶香和桂花香气，口感奇特，以牛奶香为上品。

茶叶特点

外形	紧结沉重，呈半球形，色泽砂绿或墨绿
气味	奶香、桂花香
手感	紧实厚重

安溪毛蟹

闽南乌龙茶

产地： 福建安溪县大坪乡福美村大丘仑。

  毛蟹茶原产于安溪，历史悠久，是安溪四大名茶之一。毛蟹茶的鲜叶叶片头大尾尖，多白色茸毛，锯齿深、密、锐，外形就像大坪大坝溪里的毛蟹，因此得名。

茶叶特点

外形	紧密，色砂绿
气味	观音香
手感	沉重，分量感明显

花茶

花茶，又称熏花茶、窨花茶、香花茶、香片，是将茶叶加花窨烘而成，属于再加工茶，是中国特有的香型茶。花茶常以窨的花种命名，如茉莉花茶、桂花乌龙、牡丹绣球、玫瑰红茶等。

花茶始于南宋，已有千余年的历史，最早出现在福州。利用茶叶善于吸收异味的特点，将有香味的鲜花和新茶一起闷，使茶坯既有花香又有茶香。

花茶的基本加工工艺主要有茶坯复火、窨制拼合、通花散热、起花、复火、提花、匀堆装箱等。以绿茶为例，把茶叶和花瓣放在一起静置。所选用的绿茶结构松散，需要剔除茶梗和茶末；鲜花用当天采摘的时令花朵，晾晒干爽，然后将茶叶与花朵按照一定比例混合，根据茶叶情况来翻炒散热。

通过"引花香，增茶味"，花香茶味相得益彰，闻起来使人精神愉悦，喝起来使人神清气爽。花茶除了具有茶叶原本的养生功效外，配合不同鲜花制成的花茶营养成分不同，因而也具有多重不同的保健功效。

花茶的分类

一般将花茶按照其材料、制作工艺进行分类，具体可分为花草（果）茶、窨花茶、工艺花茶三类。

花草（果）茶

将植物的花、叶或果实干燥而成的茶，气味芳香，有养生疗效。饮用叶或花的称为花草茶，如玫瑰花茶、甜菊叶茶、荷叶茶；饮用其果实的称为花果茶，如无花果茶、山楂茶、罗汉果茶。

窨花茶

窨花茶一般用绿茶制作，也有用红茶、青茶制作，利用茶叶善于吸收异味的特点，将有香味的鲜花和新茶一起闷，待茶将香味吸收后再把干花筛除而来的。例如茉莉花茶、珠兰花茶、玉兰花茶、桂花龙井等。

工艺花茶

工艺花茶又称艺术茶、特种工艺茶，是指以茶叶和可食用花卉为原料，经整形、捆扎等工艺制成外观造型各异，冲泡时可在水中开放出不同形态的造型花茶。冲泡工艺花茶一般选用透明的高脚玻璃杯，便于观赏其造型。

花茶的冲泡

85℃

茶具： 宜选透明度佳的玻璃杯，这样可以欣赏到茶叶在水中舒展的形态。除玻璃杯外，白瓷茶杯也是不错的选择，能映衬出茶汤的青翠明亮。

水温： 如果冲泡的是极优质的特种茉莉花茶，宜选用玻璃杯，水温以80～90℃为宜。如果茶坯为细嫩绿茶，则水温以80℃为宜；如果茶坯为乌龙茶，则必须用沸水。

置茶量： 容量150毫升的器具，下茶量为3克左右。

冲泡方法

以花材制作的花茶，如玫瑰花茶、茉莉花茶、菊花茶等，冲入热水后可以加盖闷泡，使其花香物质充分浸出，揭盖后先闻花香，再品茶味。

冲泡时间

花茶的浸泡时间较长，可灵活掌握。第一泡一般加盖闷3～5分钟，如果是香味浓郁、耐泡的花茶，如迷迭香，以后每泡的时间都可更长，如第二泡静置7分钟，第三泡静置10分钟。

花茶冲泡演示

工具： 盖碗、公道杯、茶漏、品茗杯、茶盘、茶荷、茶匙、茶巾、煮水器。

步骤：

① **温具：** 用热水烫洗一遍茶具，弃水不用。

② **置茶：** 用茶匙把茶荷中的花茶拨入盖碗中，投茶量为盖碗容量的1/4左右。

③ **洗茶：** 往盖碗中冲水至八分满，盖上盖碗的盖子，将茶汤滤入公道杯中。

④ **洗杯**：将公道杯中的茶汤倒入品茗杯中，用茶夹洗杯，将洗杯的水倒入茶盘。

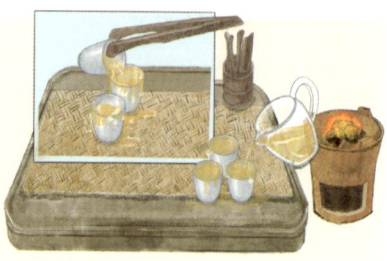

⑤ **冲茶**：再次冲水至八分满，盖上盖子，闷泡1分钟。

⑥ **赏茶**：揭开盖子，欣赏花茶在水中的姿态。

小贴士：

连盖带托的盖碗，具有较好的保持香气的作用，可用来冲泡香气较足的茶种。也可用来冲泡绿茶，但不加盖，以免闷黄芽叶。

花茶的选购和贮藏

看外形 → 不散碎、干净无杂质为佳。好的窨花茶外形匀整，不掺杂碎茶；若是花草茶，以花朵及果实颗粒饱满，不含杂质，没有虫洞者为佳。

看色泽 → 依茶坯判断，如以烘青绿茶为茶坯的茉莉花茶，以干茶油润、汤色黄绿明亮者为佳；花草茶则以保持原有色泽、汤色嫩黄明亮者质优。

好的花茶香气鲜灵持久，没有异味。　←　**闻香气**

茶味好的花茶汤味醇甘，有淡淡的花香。　←　**品茶汤**

看花朵　→　挑选工艺花茶时应查看其造型是否完整，有无虫蛀，优质工艺花茶泡开后造型完整，香气淡雅。

贮藏：

花茶适合放在冰箱冷藏，但冷藏前一定要密封好，贮藏温度控制在5℃以下，一般可保持1年以上花茶风味不变。

如果用透明玻璃瓶保存，一定要放在避光处。最好不要用塑料袋保存，但可以用深色的纸袋保存。

保存花茶可以选用陶瓷制成的茶罐，它最能保持干燥花茶的品质稳定性。

菊花茶

黄小茶

产地： 湖北省大别山、浙江省杭州及桐乡、安徽省亳州。

菊花茶多姿多彩、色泽明艳，菊花茶冲泡后在水中绽放，极具观赏价值。菊花茶对人体有许多好处，具备较高的药用价值。

功效： 疏肝解郁，清热解毒，明目护眼，抗氧化，舒缓神经，降火祛风，降血压，抗菌消炎。

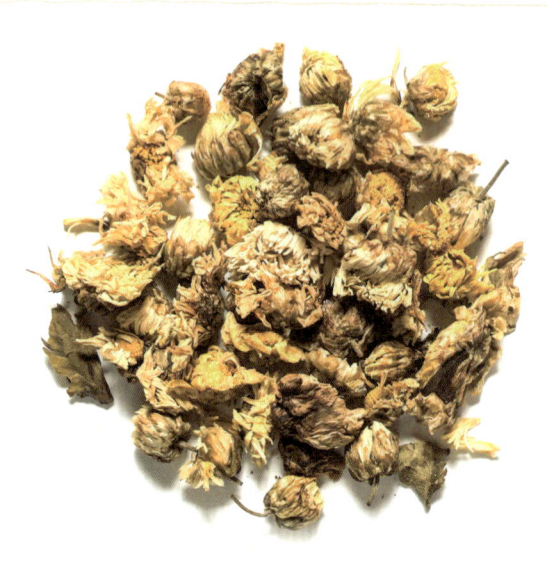

茶叶特点

外形	色泽明黄
气味	清香宜人
汤色	黄色

冲泡要点

茶具	带盖玻璃杯、白瓷杯
水温	100℃
加盖闷泡	防止香味流失

茉莉花茶

窨制花茶

产地： 福建省福州市。

茉莉花茶既可将茶叶和茉莉鲜花进行拼合、窨制，使茶叶吸收花香而成；也可用茉莉花干花直接泡饮，两种都是茉莉花茶。

功效： 开郁、抗菌消炎、抗氧化、促进消化、改善睡眠、保护心血管健康。

茶叶特点

外形	米黄或浅白
气味	茉莉清香，浓郁持久
汤色	黄绿明亮

冲泡要点

茶具	玻璃杯、白瓷杯
水温	80~90℃
加盖闷泡	防止香味流失

玫瑰花茶

花草茶

产地： 山东省济南市平阴县。

玫瑰花茶是将鲜玫瑰花和茶叶的芽尖按比例混合制成，我国现今生产的玫瑰花茶主要有玫瑰红茶、玫瑰绿茶、玫瑰九曲红梅等花色品种。

功效： 美容养颜，促进消化，减肥瘦身，缓解疲劳，调节情绪，促进血液循环，调节内分泌，保肝降火，消炎抗菌，提高免疫力。

茶叶特点

外形	紧结匀整，色泽均匀
气味	玫瑰花甜香，浓郁悠长
汤色	淡红清澈

冲泡要点

茶具	玻璃杯、白瓷杯
水温	95℃
加盖闷泡	防止香味流失

桂花茶

花草茶

产地： 广西壮族自治区桂林市。

桂花茶由桂花和茶叶窨制而成，香味馥郁持久，汤色绿而明亮。其中广西桂林的桂花烘青以桂花的馥郁芬芳衬托茶的醇厚滋味而别具一格，是茶中珍品。

功效： 排毒养颜，止咳化痰，舒缓神经，清热解毒，调节血糖，促进血液循环，预防口臭、视觉不明、溃疡、胃寒胃疼。

茶叶特点

外形	条索紧细、匀整，花如叶里藏金，色泽金黄
气味	桂花香，浓郁持久
汤色	绿黄明亮

冲泡要点

茶具	带盖玻璃杯、白瓷杯、盖碗
水温	95℃
加盖闷泡	防止香味流失

金银花茶

窨制花茶

产地： 四川省。

金银花茶茶汤芳香、甘凉可口。市场上的金银花茶有两种：一种是鲜金银花与少量绿茶拼合，按金银花茶窨制工艺窨制而成的金银花茶；另一种是用烘干或晒干的金银花干与绿茶拼合而成。

功效： 抗炎，清热解毒，通经活络，护肤美容，疏热散邪。

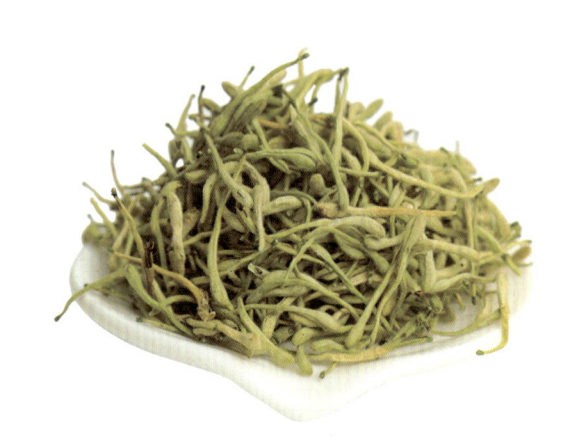

茶叶特点

外形	紧细匀直，灰绿光润
气味	金银花香气，清纯隽永
汤色	黄绿明亮

冲泡要点

茶具	带盖玻璃杯、白瓷杯
水温	95℃
加盖闷泡	防止香味流失

洛神花

花草茶

产地： 广东、广西、台湾、云南、福建等。

洛神花又称玫瑰茄、洛神葵、山茄等。市面上洛神花一般有两种颜色，一种是暗红色，一种是鲜红色，以鲜红色为佳。

功效： 清热利尿、生津止渴、理气消食、调节和平衡血脂、降血压，促进新陈代谢，改善便秘，对皮肤粗糙、肥胖者都有帮助。

茶叶特点

外形	外形完整，透着鲜红
气味	洛神花香，淡淡酸味
汤色	艳丽通红

冲泡要点

茶具	玻璃杯、白瓷杯
水温	95℃
加盖闷泡	防止香味流失

part 6

中国十大名茶

西湖龙井

　　西湖龙井是我国第一名茶，外形扁平挺秀，色泽翠绿，清香味醇，以"色翠、香郁、味醇、形美"而驰名。

　　杭州西湖湖畔的崇山峻岭中常年云雾缭绕，气候温和，雨量充沛，加上土壤结构疏松、土质肥沃，非常适合龙井茶的生长。

　　西湖龙井采摘时间很有讲究，以早为贵，有"早采三天是宝，迟采三天变草"的说法。一般在清明前和谷雨前两个时期采摘，清明前采摘的龙井称为"明前茶"，谷雨前采摘的龙井称为"雨前茶"。

　　龙井茶炒制时分"青锅""烩锅"两个工序，炒制手法很复杂，一般有抖、带、甩、挺、拓、扣、抓、压、磨、挤十大手法，不同品质的茶叶有不同的炒制手法。

茶叶特点

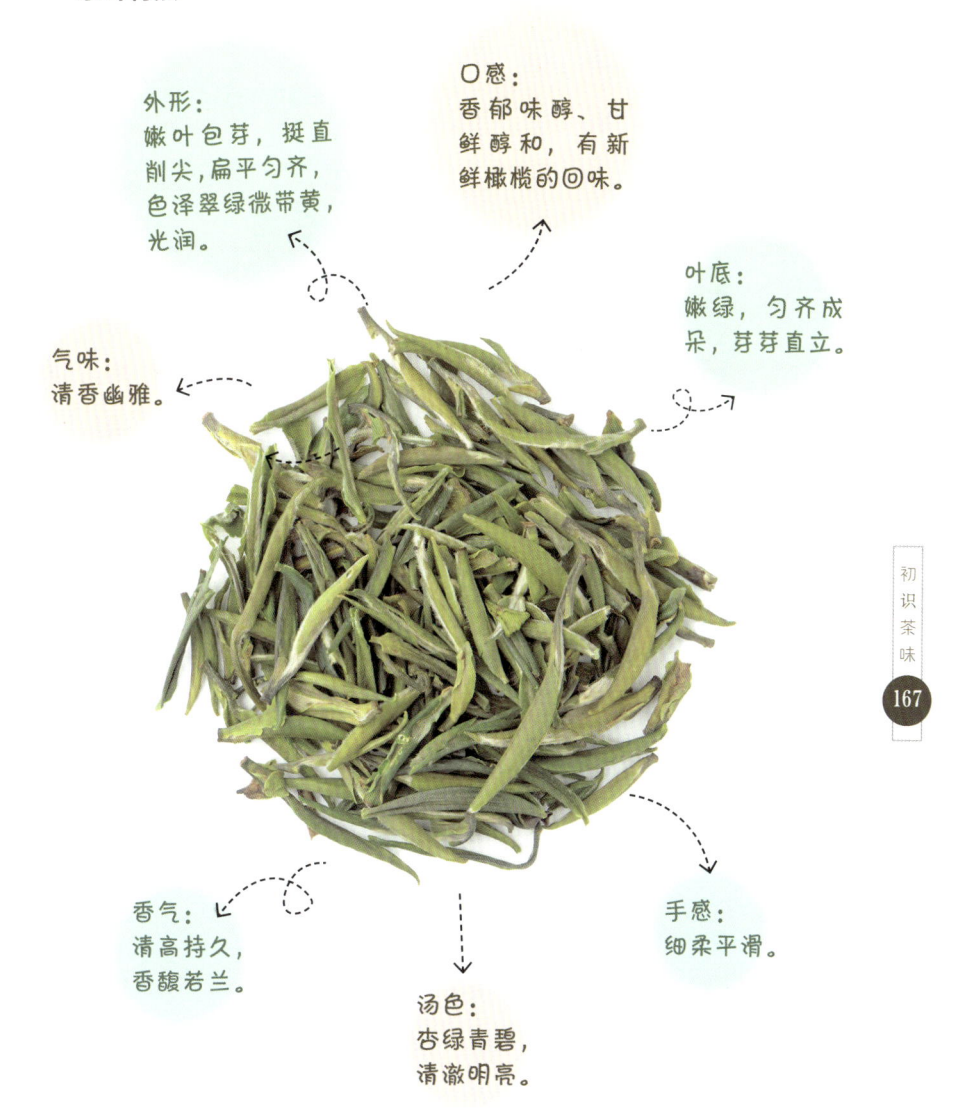

外形：
嫩叶包芽，挺直削尖，扁平匀齐，色泽翠绿微带黄，光润。

口感：
香郁味醇、甘鲜醇和，有新鲜橄榄的回味。

叶底：
嫩绿，匀齐成朵，芽芽直立。

气味：
清香幽雅。

香气：
清高持久，香馥若兰。

汤色：
杏绿青碧，清澈明亮。

手感：
细柔平滑。

产地： 浙江杭州西湖的狮峰、龙井、五云山、虎跑、梅家坞等地。

西湖龙井冲泡法推荐

茶具： 玻璃杯，公道杯，过滤网，茶荷，茶匙，茶巾，品茗杯。

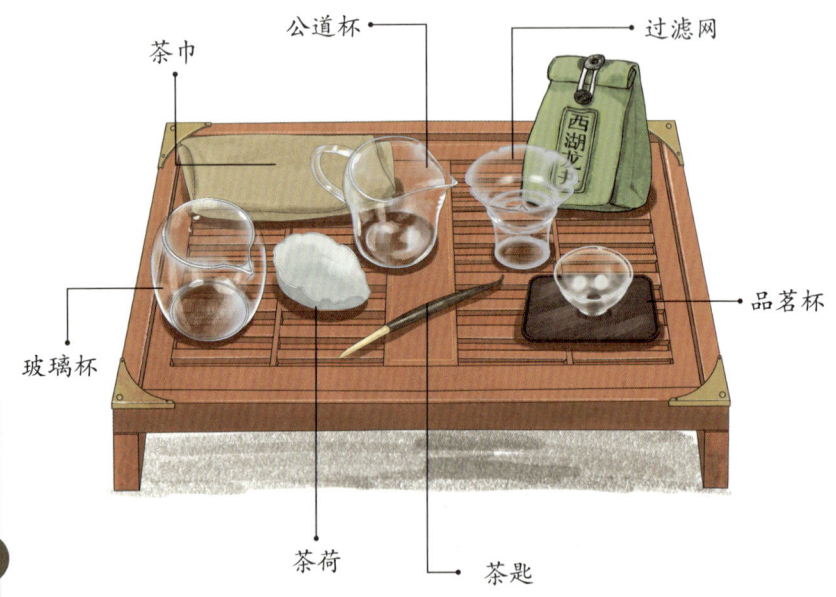

- 茶巾
- 公道杯
- 过滤网
- 玻璃杯
- 品茗杯
- 茶荷
- 茶匙

步骤：

① 温具：采用回旋斟水法，用热水烫洗玻璃杯，逆时针回旋一周，将水倒入公道杯中，稍冲泡片刻，将水倒入品茗杯中稍洗杯，再将水倒掉。

② 投茶：取西湖龙井2~3克，放入玻璃杯中。

③ 冲茶：以"凤凰三点头"的手法向壶中注入85℃的热水，充分击打茶叶，激发茶性，欣赏茶叶姿态。

④ 分茶：将公道杯中的茶汤分入各品茗杯中，双手将品茗杯端给宾客。如果是自己泡茶，直接品饮即可。

贮藏：

铁罐贮藏法：选用市场上常见的马口铁双盖茶罐作为容器，将干燥的茶叶放入，再加盖进行密闭处理，但不宜长期储存。

常用的保存方法：将龙井包成500克1包，放入缸中（缸的底层铺有块状石灰）加盖密封收藏，避免阳光直射，低温保存。

冰箱贮藏法：贮藏温度一般在5℃以下，0℃以下能存放更久，能使龙井茶的香气更加清香馥郁，滋味更加甘鲜醇和。

西湖龙井小知识

Q 龙井茶就是西湖龙井吗？

A 根据产地的不同，龙井可分为西湖龙井、钱塘龙井、越州龙井。龙井茶里面，西湖龙井的品质最佳。

Q 怎么辨别正版龙井茶？

A 只有在西湖、钱塘、越州这三个产区生产的龙井茶才能称作龙井茶，其外包装上都印有"中国地理标志"字样。

Q 有青草味的西湖龙井是假茶吗？

A 在西湖龙井的制作过程中，如果杀青和干燥工序做得不好，茶香中就会带有一些青草味，所以有青草味的西湖龙井不一定是假茶。但是如果茶叶只有青草味，没有茶香，就一定是假茶。

Q 明前西湖龙井一定是最好的吗？

A 一般认为西湖龙井以明前茶品质最好。其实清明后的老品种茶树也有好茶，老茶树发芽较迟，香气不亚于明前茶，并且茶汤的鲜浓度甚至超过明前茶，价格却低于明前茶，性价比比明前西湖龙井高。

Q 什么时候买西湖龙井最好？

西湖龙井以春茶的品质最好。春茶一般在清明节前后上市，这时候买西湖龙井最好。

Q 冲泡水温为何不能太高？

龙井茶的芽叶比较细嫩，在水温度较高的情况下，芽叶容易"烫熟"，茶汤也易变黄，茶叶中的茶多酚类物质容易溢出，影响茶汤口感滋味。

Q 手工龙井和机制龙井怎么辨别？

机制龙井茶一般压制不紧实，浮于杯面，缓慢沉入杯底；手制龙井茶芽头饱满，压制紧实，冲泡后，茶叶很快就沉入杯底。

Q 手工龙井为什么更好？

茶农炒制茶叶实际上是看茶做茶，会根据茶的变化不断改变自己的手法。手工炒茶技艺精巧，人工成本高。

Q 怎样区分西湖龙井和其他的龙井？

大部分西湖龙井青锅用机器炒制，西湖龙井干香很足，颜色上光亮度、鲜活度好，呈嫩黄绿色，而不是明显的绿色。手掂一下，比较重实，不轻飘。特级茶的外形要求挺直、尖削，颜色的鲜润度要好，不能发暗。

洞庭碧螺春

碧螺春产于江苏省苏州市洞庭山碧螺峰（今苏州吴中区），称作"洞庭碧螺春"，以"形美、色艳、香浓、味醇"闻名天下，具有"一茶之下，万茶之上"的美誉，盛名仅次于西湖龙井。相传有一位尼姑上山游春，顺手摘了几片碧螺春茶叶，泡茶后奇香扑鼻，脱口而道："香得吓煞人！"因此当地人将碧螺春称为"吓煞人"。到了清代，康熙皇帝视察时品尝了这种汤色碧绿、卷曲如螺的名茶，倍加赞赏，觉得"吓煞人"其名不雅，于是题名"碧螺春"。

洞庭山气候温和、空气清新、冬暖夏凉，为茶树的生长提供了得天独厚的条件，也使碧螺春形成了别具特色的品质特点。碧螺春干茶条索纤细，银芽显露，一芽一叶，牙为白毫卷曲形，叶为卷曲青绿色，披满茸毛。碧螺春一般分为7个等级，芽叶随级数越高，茸毛越少。

冲泡后的碧螺春茶叶犹如雪片纷飞，"白云翻滚，雪花飞舞"。碧螺春冲泡后会有"毫浑"，即茶汤中悬浮着无数细小的银毫，闻之清香淡雅，饮之鲜醇甘厚、回味绵长，叶底柔匀、嫩绿明亮。

贮藏：

多采用三层塑料保鲜袋，将碧螺春分层扎紧，隔绝空气，或用铝袋密封后放入10℃的冰箱里冷藏。即使冷藏一年，其色、香、味也能犹如新茶。

茶叶特点

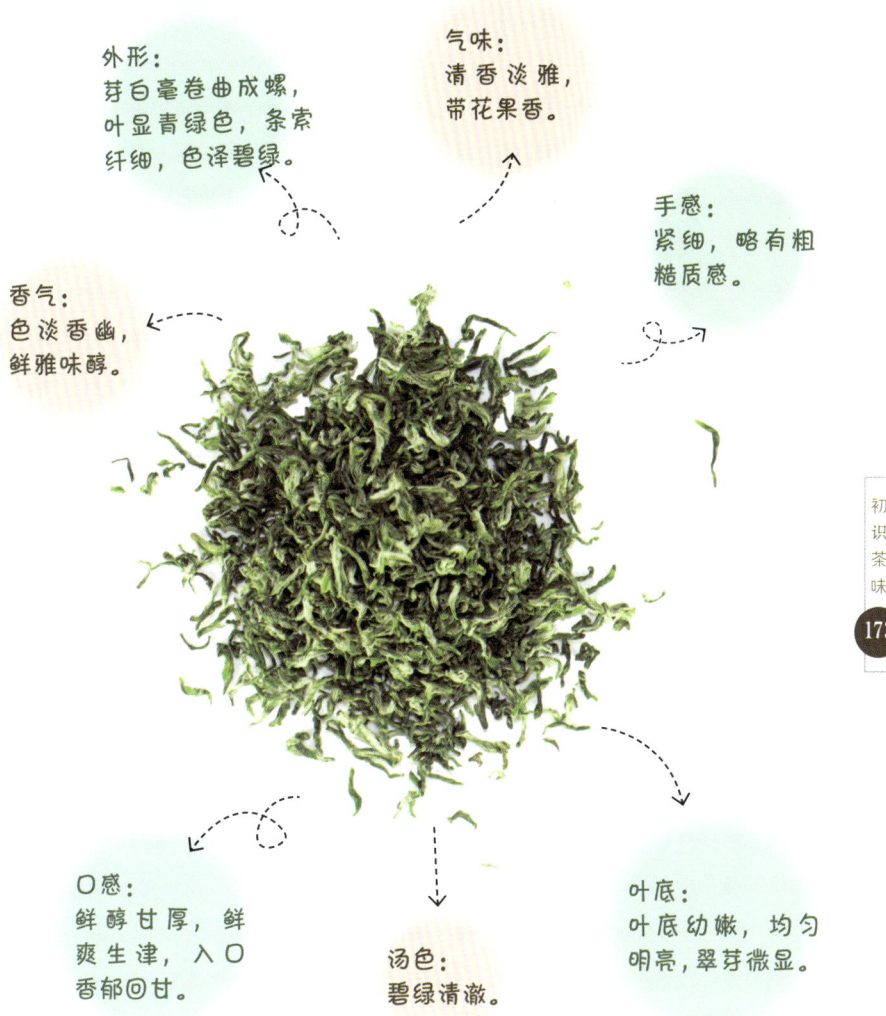

外形：
芽白毫卷曲成螺，叶显青绿色，条索纤细，色泽碧绿。

气味：
清香淡雅，带花果香。

手感：
紧细，略有粗糙质感。

香气：
色淡香幽，鲜雅味醇。

口感：
鲜醇甘厚，鲜爽生津，入口香郁回甘。

汤色：
碧绿清澈。

叶底：
叶底幼嫩，均匀明亮，翠芽微显。

产地： 江苏省苏州市洞庭山。

洞庭碧螺春冲泡法推荐

茶具： 盖碗，玻璃杯，过滤网，茶荷，茶匙，茶巾，品茗杯。

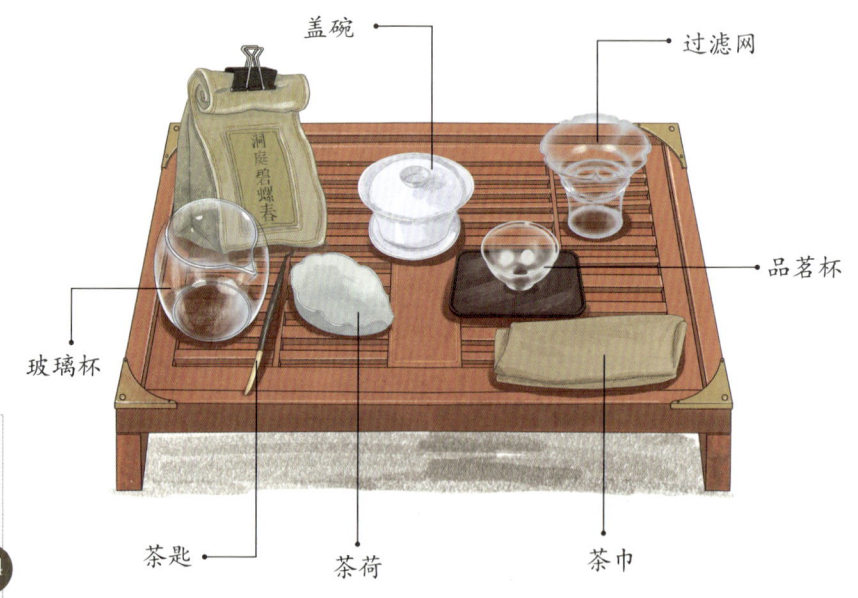

（图示标注：盖碗、过滤网、品茗杯、玻璃杯、茶匙、茶荷、茶巾）

步骤：

① 温具：采用回旋斟水法，用热水烫洗玻璃杯，逆时针回旋一周，将水倒入公道杯中，稍冲泡片刻，将水倒入品茗杯中稍洗杯，再将水倒掉。

② 投茶：取洞庭碧螺春2~3克，放入玻璃杯中。

③ 冲茶：以"凤凰三点头"的手法向壶中注入80℃的热水，充分击打茶叶，激发茶性，欣赏茶叶姿态。（如果冲泡水温过高，茶叶冲泡后变黄，说明茶叶被泡熟了，茶汤滋味会变得苦涩，影响茶叶品质。）

④ 分茶：将公道杯中的茶汤分入各品茗杯中，双手将品茗杯端给宾客。如果是自己泡茶，直接品饮即可。

⑤ 赏茶：端起品茗杯，观赏茶汤色淡清澈，银毫闪烁。

洞庭碧螺春小知识

Q 碧螺春什么时节买最好？

A 春分前后开采，谷雨前后结束，春分至清明采制品质最好。

Q 碧螺春茶汤为什么浑浊？

A 碧螺春冲泡后的茶汤会有"毫浑"现象。因为碧螺春白毫多，冲泡以后，茶汤表面会有毫毛浮起，给人感觉浑浊，但不影响茶汤的品质和口感。

Q 碧螺春的白毫越多越好吗？

A 是的。碧螺春白毫的多少与采摘时间有关，"摘得早、采得嫩、拣得净"，白毫越多，说明采摘的时候芽叶越嫩，品质越好。

Q "一嫩三鲜"是什么？

A "一嫩"：指碧螺春的芽叶细嫩。每500克碧螺春茶含5万个以上嫩芽，芽大叶小。

色鲜艳：指碧螺春不但色泽银绿隐翠、光彩夺目，而且茶汤碧绿清澈、鲜艳耀人，叶底嫩绿亮丽。

香鲜浓：指碧螺春清淡的茶香中透着浓郁的花香。

味鲜醇：指碧螺春的鲜爽茶味之中还有一种甜蜜的果味。

祁门红茶

祁门红茶以外形苗秀、色有"宝光"和香气浓郁而著称，也被誉为"王子茶"，与印度的大吉岭红茶、斯里兰卡的乌瓦红茶并称为"世界三大高香茶"。祁门红茶是红茶中的极品，也是英国女王和王室的至爱饮品，高香美誉，香名远播，有"群芳最""红茶皇后"的美称。

祁门红茶产于安徽祁门、东至、贵池、石台、黟县，以及江西浮梁一带。茶区中的"浮梁工夫红茶"是祁红中的佳品，以"香高、味醇、形美、色艳"闻名于世。祁门多山脉，层峦叠嶂、山林密布、土质肥沃、气候温润，而茶园所在的位置有天然的屏障，有酸度适宜的土壤、丰富的水分，因此能培育出优质的祁门红茶。

清朝光绪以前，祁门生产绿茶，品质好，制法似六安绿茶，称为"安绿"。光绪元年，黟县人余干臣，从福建罢官回籍经商，在至德县（今东至县）尧渡街设立茶庄，仿照"闽红"制法试制红茶。1876年，余干臣来祁门设立茶庄，售卖红茶，茶价高、销路好，人们纷纷相应改制，逐渐形成了"祁门红茶"。

贮藏：

先用柔软的净纸将茶叶包装好，然后封口，再套上一层塑料袋，再次封口。数量多的祁红应分成小包贮存在冰箱保鲜层里，随用随取，以避免常常开启茶叶罐，走失香味。

茶叶特点

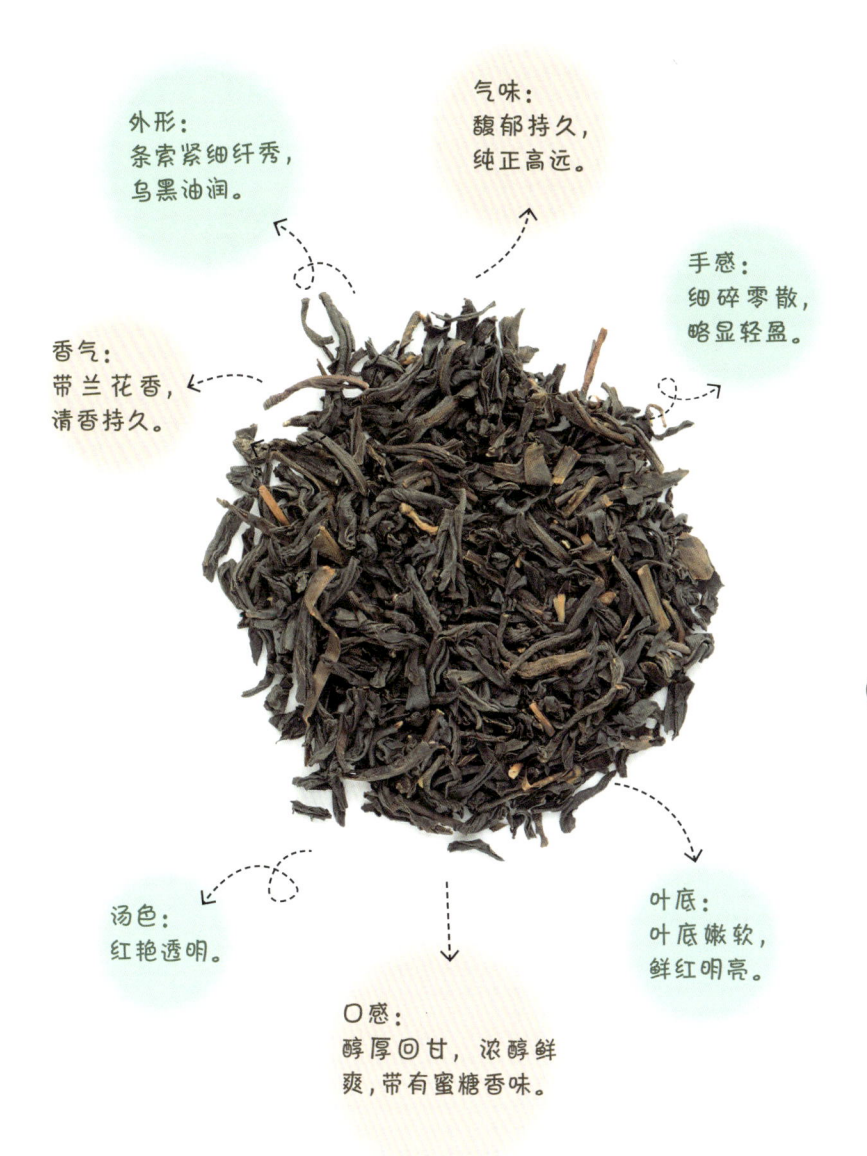

外形：
条索紧细纤秀，乌黑油润。

气味：
馥郁持久，纯正高远。

手感：
细碎零散，略显轻盈。

香气：
带兰花香，清香持久。

汤色：
红艳透明。

口感：
醇厚回甘，浓醇鲜爽，带有蜜糖香味。

叶底：
叶底嫩软，鲜红明亮。

产地： 安徽省祁门县，石台、东至、黟县、贵池等县也有少量生产。

祁门红茶冲泡法推荐

茶具： 玻璃茶壶，茶匙，茶荷，过滤网，茶巾，品茗杯。

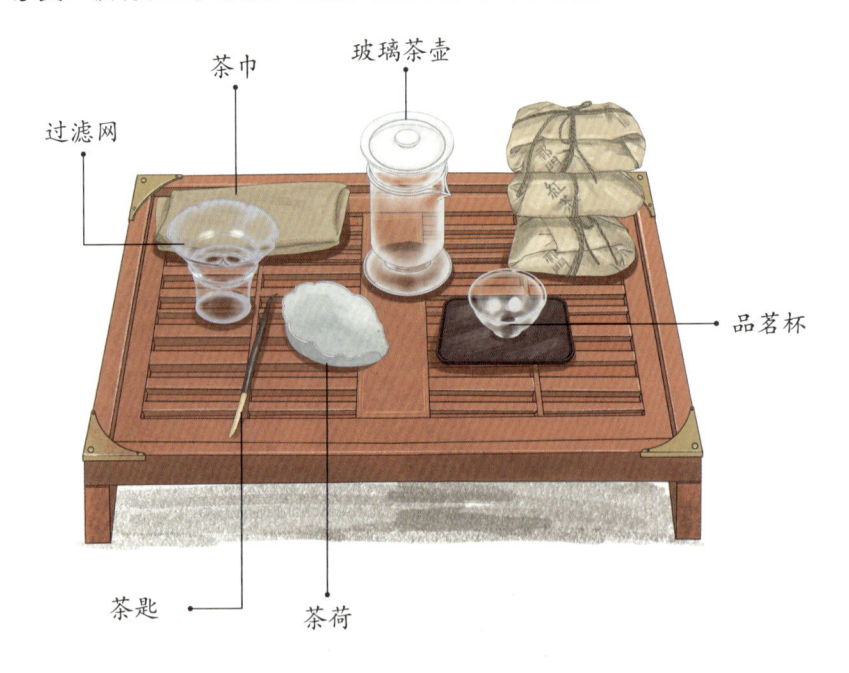

- 过滤网
- 茶巾
- 玻璃茶壶
- 品茗杯
- 茶匙
- 茶荷

步骤：

① 温具：采用回旋斟水法，用热水烫洗玻璃杯，逆时针回旋一周，将水倒入公道杯中，稍冲泡片刻，将水倒入品茗杯中稍洗杯，再将水倒掉。

② 投茶：取祁门红茶3克，放入玻璃杯中。

③ 冲茶：用悬壶高冲手法向壶中注入沸水，静置3分钟。

④ 分茶：将公道杯中的茶汤分入各品茗杯中，双手将品茗杯端给宾客。如果是自己泡茶，直接品饮即可。

祁门红茶小知识

Q 所有产地的祁门红茶都一样吗？

A 不是，祁门红茶有主产地和次产地之分，主产地安徽祁门的红茶色泽乌润，口感滑润，香气高，有祁门红茶独有的香气；次产地的祁门红茶乌润度较差，涩味较重，有明显的青草气。

Q 拿到祁门红茶的第一件事做什么？

A 祁门红茶是公认的"世界三大高香茶"之一，因此祁门红茶到手，先要闻茶香。

Q 怎么鉴别祁门红茶的真假？

A 祁门红茶的外形整齐，干茶呈棕红色，色泽较暗；假的祁门红茶外形参差不齐、颜色鲜红。祁门红茶茶汤颜色红艳明亮，有独特的似花、似果、似蜜的"祁门香"，香气持久；假的祁门红茶茶汤颜色红，不透明，且滋味苦涩淡薄，香气低闷。

Q 怎么区分祁门红茶和正山小种？

A 祁门红茶有着独特的口感，茶叶乌黑灰亮，茶汤颜色如红宝石一样光亮，有淡淡的奶香、蜜糖香以及兰花香。正山小种茶叶颜色乌润，形状非常肥实似条索状，茶汤显褐色和金黄色，有桂圆香味和松烟香。

安溪铁观音

安溪铁观音，又称红心观音、红样观音，产于福建安溪，是乌龙茶的代表茶，被视为乌龙茶中的极品。安溪铁观音代表了闽南乌龙茶的风格，以其香高韵长、醇厚甘鲜而驰名中外，并享誉世界，有"茶王"之称。

安溪铁观音介于绿茶和红茶之间，属于半发酵的品种，采回的鲜叶力求完整，然后进行晾青、晒青和摇青。成品条索肥壮、圆整呈蜻蜓头、沉重，枝心硬。茶树3月下旬萌芽，一年分四季采制，谷雨至立夏为春茶，夏至至小暑为夏茶，立秋至处暑为暑茶，秋分至寒露为秋茶。以秋茶品质最好，春茶次之，夏、暑茶品质较次。

安溪铁观音可用具有"音韵"来概括。"观音韵"是铁观音特殊的香气和滋味。有人说，品饮铁观音中的极品——观音王，有超凡入圣之感，"烹来勺水浅杯斟，不仅余香舌本寻。七碗漫夸能畅饮，可曾品过铁观音？"

贮藏：

安溪铁观音要低温、密封或真空贮藏，还要降低茶叶的含水量，可以保证安溪铁观音的色、香、味。低温保存温度控制在5℃以下，大量铁观音建议使用藏库或冷冻库保存，少量可使用冰箱。

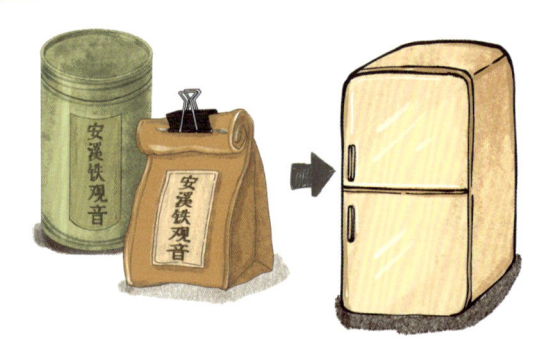

茶叶特点

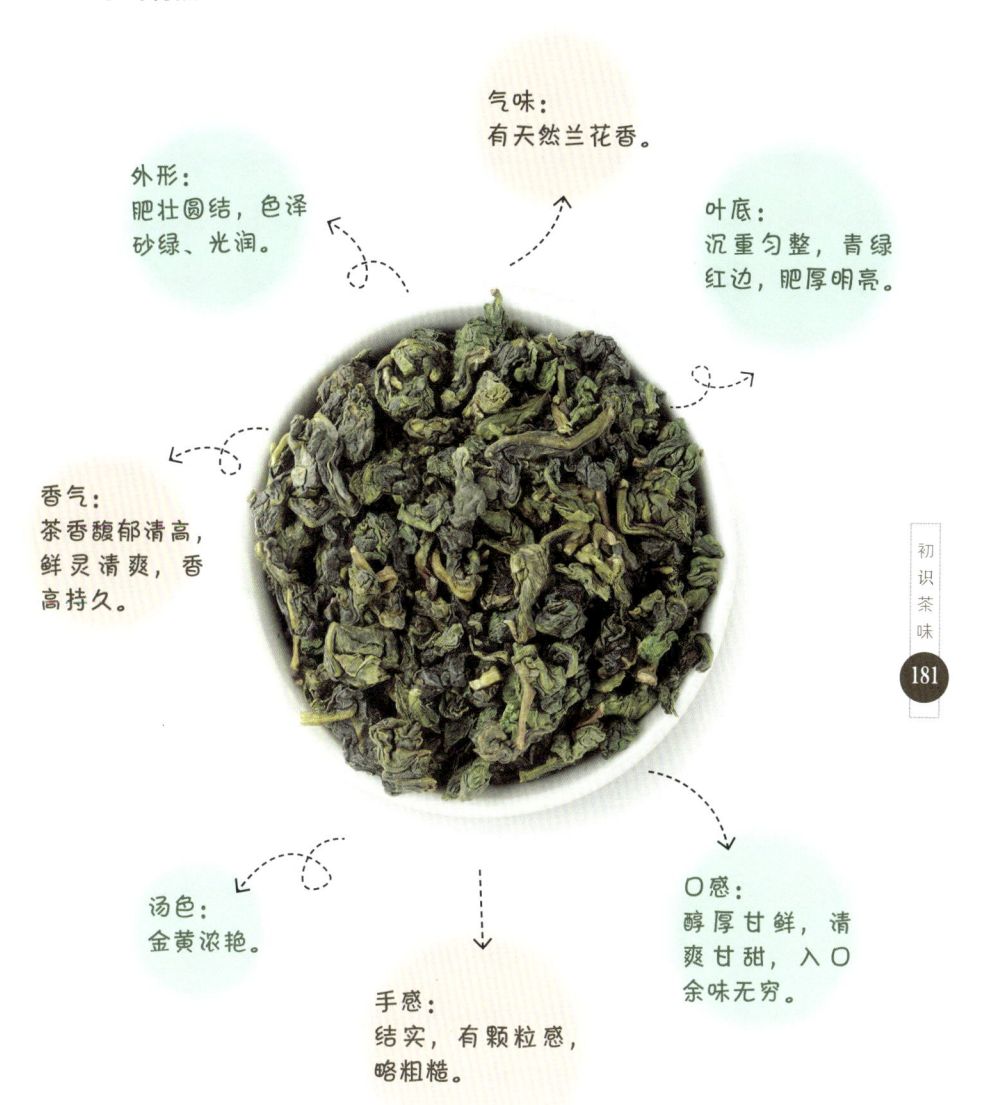

外形：
肥壮圆结，色泽砂绿、光润。

气味：
有天然兰花香。

叶底：
沉重匀整，青绿红边，肥厚明亮。

香气：
茶香馥郁清高，鲜灵清爽，香高持久。

汤色：
金黄浓艳。

手感：
结实，有颗粒感，略粗糙。

口感：
醇厚甘鲜，清爽甘甜，入口余味无穷。

产地： 福建省安溪市。

安溪铁观音冲泡法推荐

茶具： 盖碗，公道杯，茶匙，茶荷，过滤网，品茗杯，茶巾。

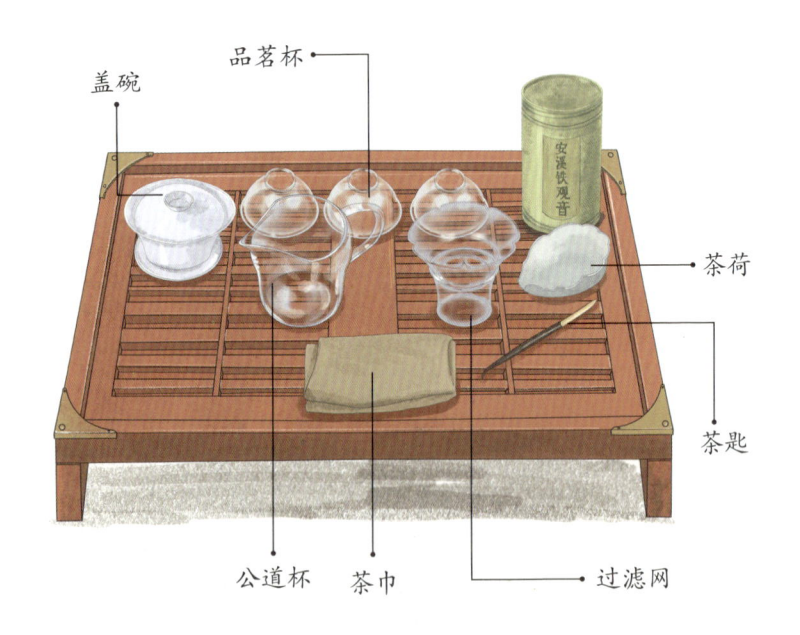

（图示标注：盖碗、品茗杯、茶荷、茶匙、公道杯、茶巾、过滤网）

步骤：

① 温具：将水烧开，倒入盖碗、公道杯、品茗杯中稍洗，再将水倒掉。

② 投茶：用茶匙将安溪铁观音从茶荷中投入盖碗中。

③ 洗茶：倒入适量温水浸润茶叶，以使紧结的茶球泡松，将润过茶叶的水倒出盖碗，不用。

④ 冲茶：打开盖子，往盖碗中冲入沸水至七分满。

⑤ 分茶：取下过滤网，将公道杯中的茶汤分入品茗杯中。

⑥ 赏茶：把泡开的茶叶放入白瓷碗，欣赏铁观音的"绿叶镶红边"姿态。

安溪铁观音小知识

Q 什么是"七泡有余香"？

A 高品质安溪铁观音有天然馥郁的兰花香，冲泡后汤色金黄，茶香持久，冲泡多次仍有余香，因此说铁观音"七泡有余香"。

Q 如何快速辨别铁观音优劣？

A 安溪铁观音的叶身沉重，取少量茶叶放入茶壶，能听到"当当"的声音，其声清脆为上，声哑者为次。

Q 为什么叫"铁观音"？

A 在清代乾隆年间，福建安溪的魏荫非常信佛。有一天，他上山砍柴，经过一座观音庙。他立刻行礼下拜，拜着拜着突然发现眼前一片闪亮。他定睛一看，发现庙前竟然长着一株奇特的茶树，在阳光的照射下，叶面闪闪发光，叶片厚实、圆润。魏荫心想："难道这是观音大士显灵，赐予我这棵茶树？"

于是，他将这棵茶树移栽到茶园中，用这棵茶树的叶片制成乌龙茶，茶汤色泽厚绿，叶片坚实如铁，香气特异。人们称它为"重如铁"，后来听闻魏荫的奇遇，将此茶改名为"铁观音"。

Q 为什么品铁观音要用小杯？

A 品饮安溪铁观音时，宜选用香橼小杯，分三口以上慢慢细品。趁热，先嗅其香，后尝其味，边啜边嗅，浅斟细饮。

六安瓜片

六安瓜片是中国十大历史名茶之一，又称片茶，是通过独特的加工工艺制成的形似瓜子的片形茶叶，其外形完整，光滑顺直，形若葵花子，叶边背卷平摊，色泽翠绿。产自六安一带，因此称为"六安瓜片"。六安瓜片不仅外形别致，制作工序独特，采摘也非常精细，是茶中不可多得的精品，更是绿茶中唯一去梗、去芽的片茶。六安瓜片冲泡后的茶汤透绿、清爽，没有丝毫浑浊。

早在唐代，陆羽《茶经》中便有"潞州六安（茶）"之称。六安瓜片在明代成为贡茶，《六安州志》记载："茶之精品，明朝始入贡。"其中金寨齐云山一带的茶叶是瓜片中的极品，冲泡后雾气腾绕，有"齐山云雾"的美称。

贮藏：

可先用铝箔袋包好再放入密封罐，必要时也可放入干燥剂，加强防潮，然后将六安瓜片放置在干燥、避光的地方，不要靠近带强烈异味的物品，且不能被积压，最好置于冰箱的冷藏库里冷藏保存。

茶叶特点

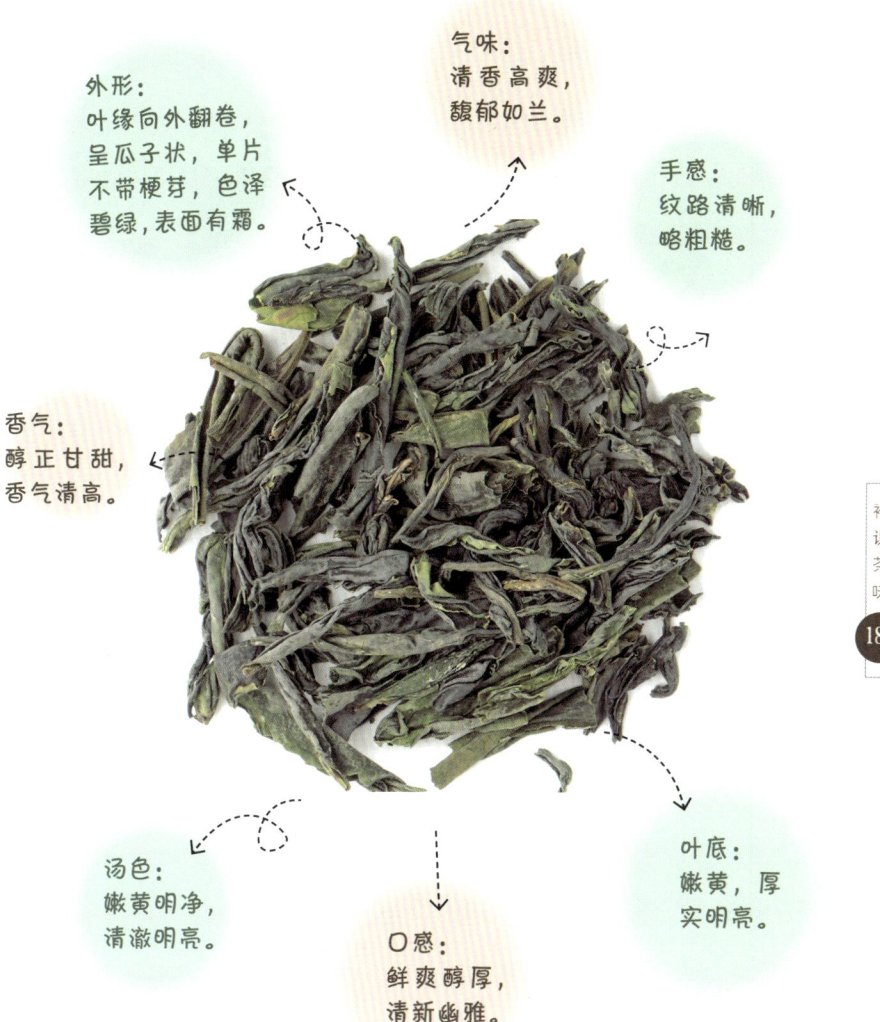

外形：
叶缘向外翻卷，呈瓜子状，单片不带梗芽，色泽碧绿，表面有霜。

气味：
清香高爽，馥郁如兰。

手感：
纹路清晰，略粗糙。

香气：
醇正甘甜，香气清高。

汤色：
嫩黄明净，清澈明亮。

口感：
鲜爽醇厚，清新幽雅。

叶底：
嫩黄，厚实明亮。

产地： 安徽省六安市。

六安瓜片冲泡法推荐

茶具： 盖碗，公道杯，过滤网，茶荷，茶匙，品茗杯。

- 公道杯
- 盖碗
- 过滤网
- 茶匙
- 茶荷
- 品茗杯

步骤：

① 温具：将水烧开，倒入盖碗、公道杯、品茗杯中稍洗，再将水倒掉。

② 投茶：用茶匙将六安瓜片从茶荷中投入盖碗中。

③ 洗茶：倒入适量温水浸润茶叶，以使紧结的茶球泡松，将润过茶叶的水倒出盖碗，不用。

④ 冲茶：打开盖子，用80℃的温水沿盖碗杯沿的一边倒入，覆盖茶叶，至七分满，盖盖静置2分钟。

⑤ 分茶：将公道杯中的茶汤分入各品茗杯中，双手将品茗杯端给宾客。如果是自己泡茶，直接品饮即可。

六安瓜片小知识

Q 六安瓜片什么时候买好？

A 一般在谷雨和立夏之间购买为宜。在谷雨前十天采摘制作的瓜片，泡后叶片颜色有淡青、青色的，不匀称。谷雨后采摘制作的片茶，泡后叶片颜色一般是青色或深青的，而且匀称，茶汤相应也浓些，若时间稍候一会儿青绿色也深些。

Q 叶上有霜的六安瓜片好吗？

A 上等六安瓜片的叶片上都会有一层淡淡的白霜。因为六安瓜片在炒制过程中，在拉老火以后，茶叶表面会蒙上一层白霜，这是茶叶内有机物质在高温下的升华。

Q 怎么挑选上等的六安瓜片？

A 外形要透翠，片卷顺直、老嫩、色泽、长短相近、粗细匀称、形状大小一致，说明烘制到位。有烧板栗的香味或幽香的为上乘的六安瓜片；有青草味的说明炒制功夫欠缺。

Q 六安瓜片是《红楼梦》"六安茶"吗？

A 《红楼梦》创作完成于清朝中期乾隆年间，六安瓜片创制于清朝末年，六安瓜片是《红楼梦》之后才有的。《红楼梦》中多次提到的"六安茶"其实是祁门安茶，不是六安瓜片。

黄山毛峰

黄山毛峰，为中国历史名茶之一，以其独特的"香高、味醇、汤清、色润"，被誉为茶中精品。由于"白毫披身，芽尖似峰"，且鲜叶采自黄山高峰，因此称为黄山毛峰。

传说如果用黄山上的泉水冲泡黄山毛峰，热气会绕碗边转一圈，转到碗中心直线升腾，然后在空中转一圈，化成一朵白莲花。白莲花慢慢上升化成一团云雾，最后散成一缕缕热气飘荡开来，这便是"白莲奇观"。

顶级黄山毛峰在清明谷雨前采制，去除老、茎、杂，选摘初展肥壮嫩芽，经手工炒制而成，以晴天采制为佳。黄山毛峰条索细扁，形似"雀舌"，带有金黄色鱼叶；芽肥壮、匀齐、多毫；香气清鲜高长。

贮藏：

密封、干燥、低温、避光的地方，以避免茶叶中的活性成分氧化加剧。家庭贮藏黄山毛峰时多采用塑料袋进行密封，再将塑料袋放入密封性较好的茶叶罐中，于阴凉、干爽处保存，这样也能较长时间保持住茶叶的香气和品质。

茶叶特点

外形：
细嫩稍卷，形似"雀舌"，色似象牙，嫩匀成朵，片片金黄。

气味：
馥郁如兰，清香扑鼻。

手感：
紧细而不平整。

香气：
清鲜高长，韵味深长。

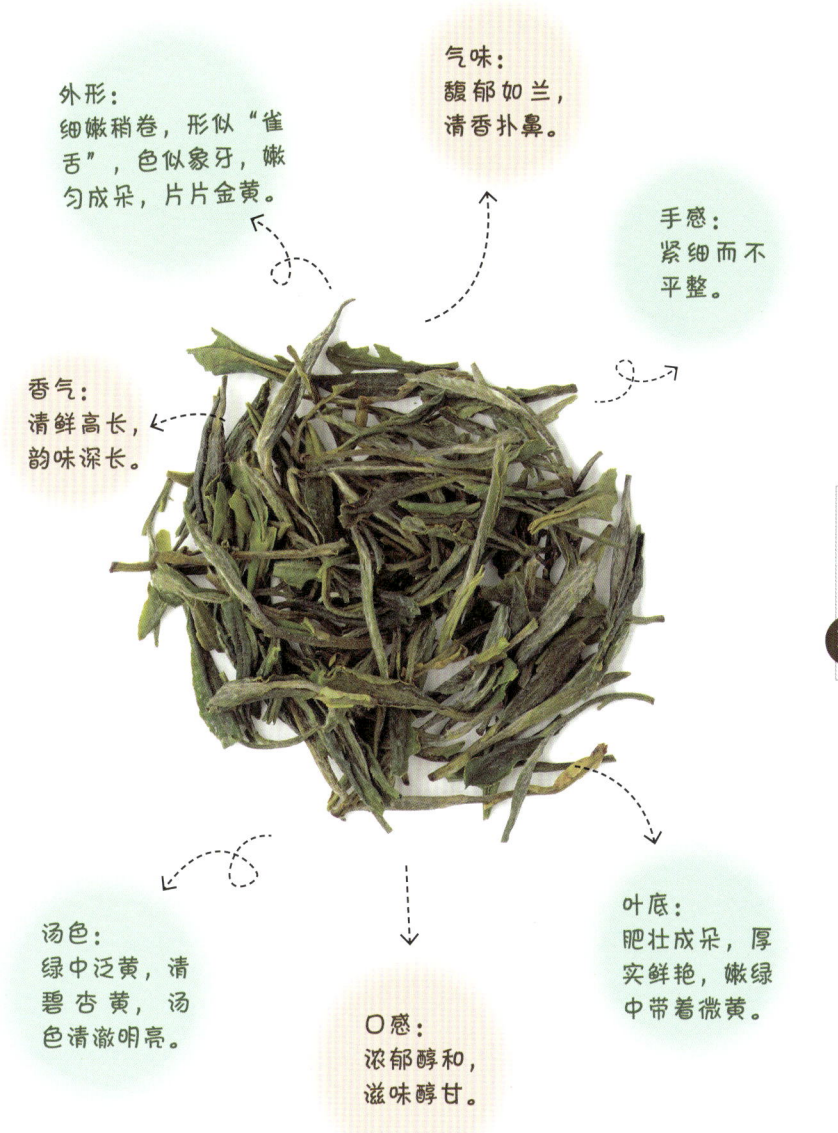

汤色：
绿中泛黄，清碧杏黄，汤色清澈明亮。

口感：
浓郁醇和，滋味醇甘。

叶底：
肥壮成朵，厚实鲜艳，嫩绿中带着微黄。

产地： 安徽歙县黄山汤口、富溪一带。

黄山毛峰冲泡法推荐

茶具： 盖碗，公道杯，茶荷，茶匙，过滤网，茶巾，品茗杯。

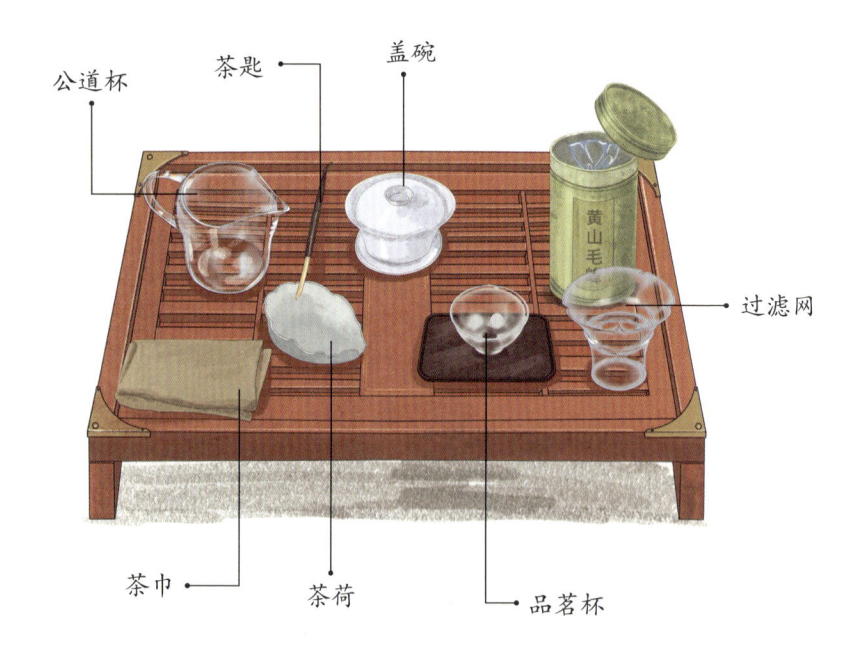

- 公道杯
- 茶匙
- 盖碗
- 过滤网
- 茶巾
- 茶荷
- 品茗杯

步骤：

① 温具：将水烧开，倒入盖碗、公道杯、品茗杯中稍洗，再将水倒掉。

② 投茶：用茶匙将黄山毛峰从茶荷中投入盖碗中。

③ 冲水：沿着盖碗杯沿的一边冲入80℃的热水，冲至三分满。

④ 摇香：拿起盖碗，轻轻摇动，将香气充分散发。

⑤ 冲茶：打开盖子，往盖碗中冲入热水至七分满。

⑥ 分茶：将公道杯中的茶汤分入各品茗杯中，双手将品茗杯端给宾客。

黄山毛峰小知识

Q 黄山毛峰什么时候买好？

A 黄山地区有句茶谚："夏前茶，夏后草。"黄山毛峰一般只采春茶，夏茶和秋茶不采。春茶采摘一般在清明、谷雨前后，至立夏结束。清明前后的春茶，叶片鲜嫩，不易遭受病虫害，因此品质较好。

Q 怎么辨别黄山毛峰的真假？

A 正宗黄山毛峰冲泡以后的茶汤清澈明亮，呈杏黄色，叶底嫩黄，肥壮成朵。假的黄山毛峰茶汤呈土黄色，滋味苦涩、淡薄，且叶底不成朵。

Q 特级黄山毛峰有什么特点？

A 特级黄山毛峰是我国毛峰中的极品，"形似雀舌"，小小的尖芽紧偎叶中，每片都只有半寸左右。"色如象牙，鱼叶金黄"，"鱼叶"指的是茶芽边缘的小叶子，俗称"茶笋"或"金片"；"象牙"指的是其颜色没有光泽，绿中泛黄。

Q 黄山毛峰需要洗茶吗？

A 不需要。黄山毛峰的制作过程非常精细，茶叶表面通常很干净，没有明显的灰尘或杂质。如果对黄山毛峰进行清洗，可能会导致茶叶的香气和营养成分流失，影响茶叶的口感和品质。

庐山云雾

庐山云雾产自中国江西的庐山，始产于汉代，最早是一种野生茶，后东林寺名僧慧远将其改造为家生茶，有"闻林茶"之称，宋代列为"贡茶"，有诗称赞："庐山云雾茶，味浓性泼辣，若得长时饮，延年益寿法。"

庐山云雾由于长年受庐山流泉飞瀑的浸润，形成了独特的"味醇、色秀、香馨、液清"的醇香品质，因其"条索清壮、青翠多毫、汤色明亮、叶好匀齐、香郁持久、醇厚味甘"被评为绿茶中的精品。庐山云雾的茶汤层次多变，有醇厚、清香、甘润等各种味道，喝到嘴里层次分明，醇厚甘香。

贮藏：

选择铁罐、米缸、陶瓷罐等，储存在冰箱冷藏室内，温度保持在0℃以下，避免和有刺激性气味或易挥发的物品、食品一起存放。

茶叶特点

气味：
幽香如兰，鲜爽甘醇。

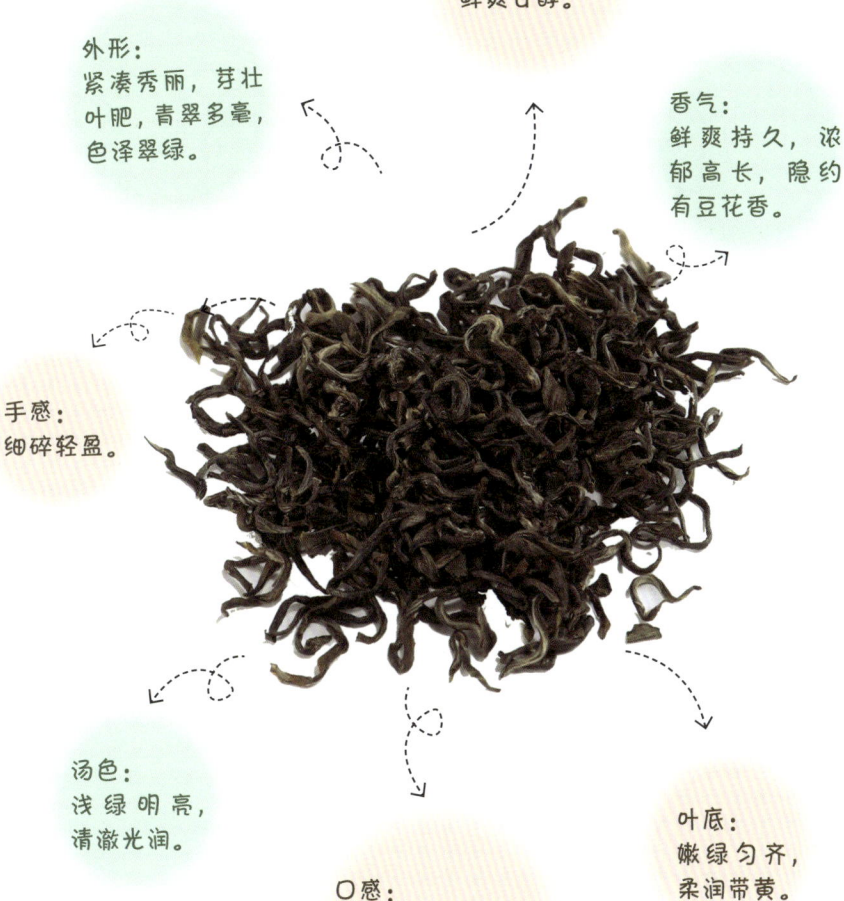

外形：
紧凑秀丽，芽壮叶肥，青翠多毫，色泽翠绿。

香气：
鲜爽持久，浓郁高长，隐约有豆花香。

手感：
细碎轻盈。

汤色：
浅绿明亮，清澈光润。

口感：
滋味深厚，醇厚甘甜，入口回味香绵。

叶底：
嫩绿匀齐，柔润带黄。

产地：江西庐山。

庐山云雾冲泡法推荐

茶具： 紫砂壶，玻璃杯，过滤网，茶荷，茶匙，品茗杯。

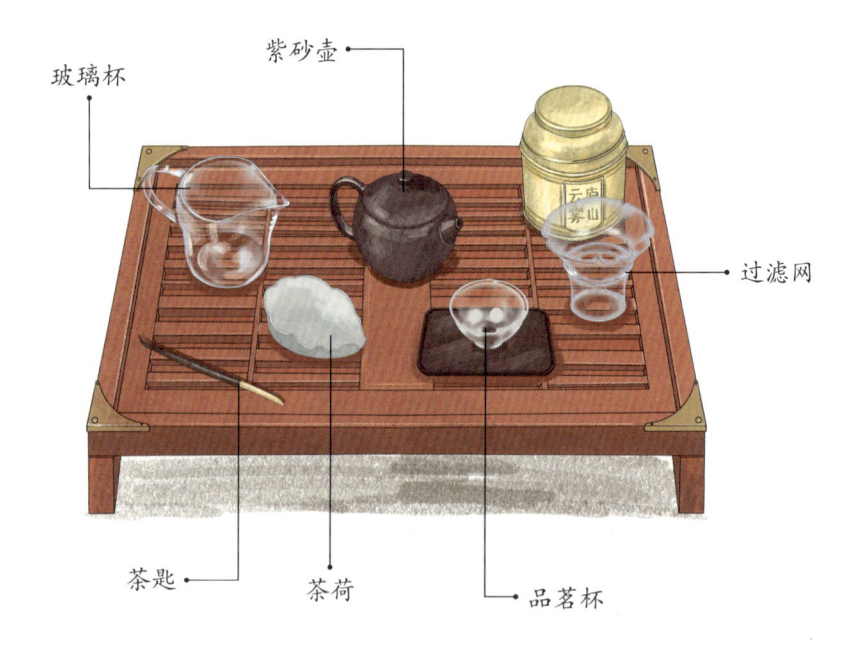

图示标注：玻璃杯、紫砂壶、过滤网、茶匙、茶荷、品茗杯

步骤：

1. 烫壶：将开水倒入准备好的紫砂壶中，用以清洁，提高紫砂壶温度。

2. 温具：将温烫过紫砂壶的水倒入公道杯、品茗杯中，稍微冲泡片刻，再将水倒掉。

3. 投茶：用茶匙将庐山云雾投入紫砂壶中。

4. 冲茶：往紫砂壶中注入80℃温水，至八分满，将盖子盖上，静置2分钟，使茶叶舒展。

5. 出汤：将紫砂壶中的茶汤倒入玻璃杯中。

6. 分茶：将玻璃杯中的茶汤分入各品茗杯中，双手将品茗杯端给宾客。如果是自己泡茶，直接品饮即可。

庐山云雾小知识

Q 如何辨别庐山云雾茶等级?

A 庐山云雾茶按照《地理标志产品:庐山云雾茶》的规定,分为四个级别:特级、一级、二级、三级。

等级	外形	味道
特级	条索紧细显峰苗,色泽润绿,叶片匀齐洁净	滋味鲜醇回甘,香气清香持久,汤色嫩绿明亮,叶底细嫩匀整
一级	条索紧细有峰苗,色泽稍绿润,叶片匀整,较洁净	滋味醇厚,香气清香,汤色绿亮,叶底嫩匀
二级	条索紧实,色泽发绿,叶片尚匀整,较洁净	滋味尚醇,微微清香,汤底微绿明亮,叶底尚嫩
三级	条索微紧实,色泽深绿,叶片尚匀整,有单张	滋味尚浓,香气纯正,汤底黄绿微亮,叶底发绿稍匀

武夷岩茶

武夷岩茶产自武夷山，武夷山日照短，多反射光，昼夜温差大，岩顶常有泉水溪流浸润。

因其茶树生长在岩缝中，因而得名"武夷岩茶"。武夷岩茶属于半发酵茶，融合了绿茶和红茶的制法，是中国乌龙茶中的极品。

武夷岩茶中以大红袍最为知名，生长在武夷山九龙窠高岩峭壁之上。因早春茶芽萌发时，远远望去茶树艳红似火，如同身披红袍，因此得名"大红袍"，有"茶中状元"之美誉。优质武夷大红袍外形肥壮、匀整紧实，是扭曲的条球形，色泽绿润，俗称"砂绿润"，叶背有蛙皮上类似的沙粒，像"蛤蟆背"。

贮藏：

武夷岩茶最好以每包100克左右的量，用锡箔袋或有锡箔层的牛皮纸包好，挤紧压实后，真空包装为佳，放入木质、铁质、锡质容器内，再放到避光、防潮、避风、无异味的地方储藏，低温储存温度应控制在-5~5℃。

茶叶特点

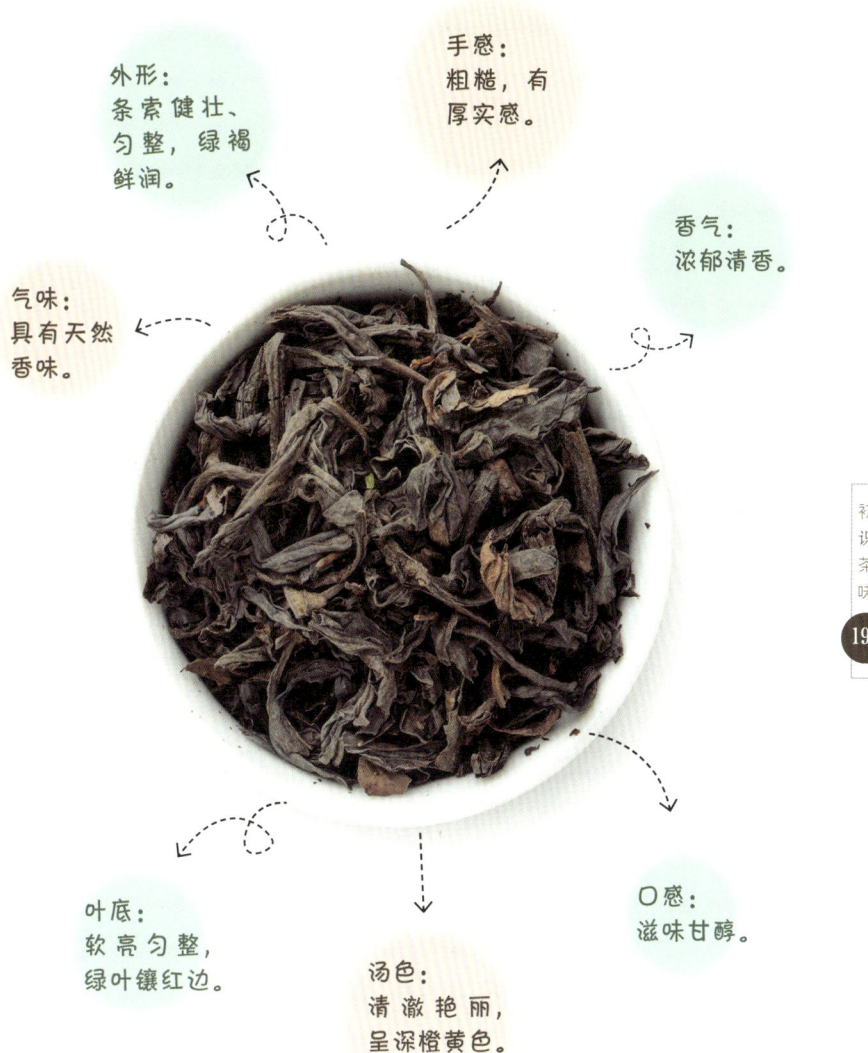

外形：
条索健壮、匀整，绿褐鲜润。

手感：
粗糙，有厚实感。

香气：
浓郁清香。

气味：
具有天然香味。

叶底：
软亮匀整，绿叶镶红边。

汤色：
清澈艳丽，呈深橙黄色。

口感：
滋味甘醇。

产地： 福建省武夷山。

武夷岩茶冲泡法推荐

茶具： 盖碗，公道杯，茶荷，茶匙，过滤网，品茗杯，茶巾。

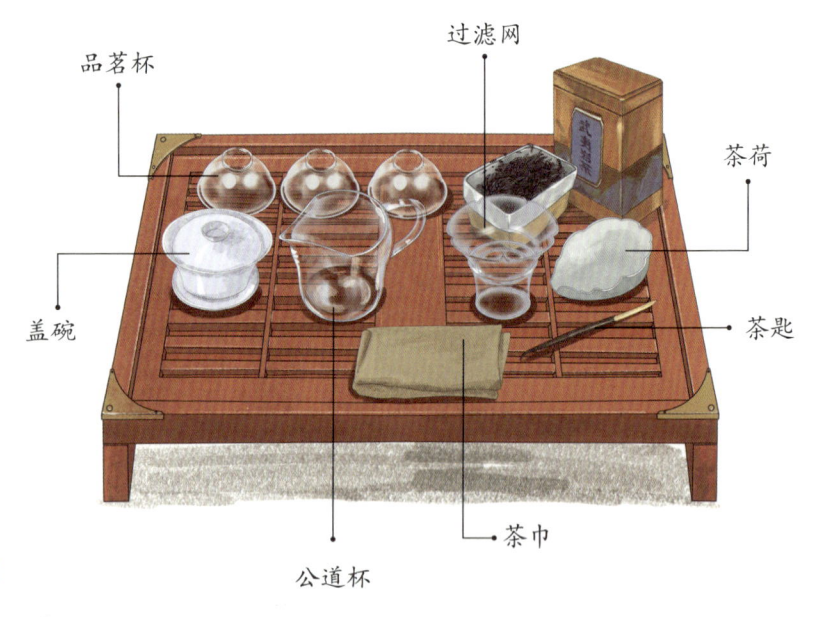

（图示标注：品茗杯、过滤网、茶荷、盖碗、茶匙、公道杯、茶巾）

步骤：

① 温具：将水烧开，倒入盖碗、公道杯、品茗杯中稍洗，再将水倒掉。

② 投茶：用茶匙将武夷岩茶从茶荷中投入盖碗中。

③ 洗茶：倒入适量温水浸润茶叶，将润过茶叶的水倒出盖碗，不用。

④ 冲茶：打开盖子，沸水沿盖碗杯沿的一边倒入，覆盖茶叶至七分满。

⑤ 分茶：将茶汤分入各品茗杯中，双手将品茗杯端给宾客。如果是自己泡茶，直接品饮即可。

⑥ 赏茶：叶底三分红、七分绿，叶片周围镶暗红边，叶片内侧呈绿色。

武夷岩茶小知识

Q 大红袍特殊在哪？

A 大红袍品质最突出之处是香气馥郁，有"岩韵"，品饮有兰花香，香高而持久，耐冲泡，冲泡七八次仍有香味。

Q 什么是"岩韵"？

A "岩韵"也称"岩骨花香"，又称"茶底硬""骨鲠"，是武夷岩茶特有的味道，其味感醇厚、回味持久深长、长留口腔，在冲泡七八次之后依然有浓重的茶香。

Q 只有九龙窠的大红袍是真的吗？

A 并不是。目前市面上的大红袍是由大红袍的母树无性繁殖而成，具备与母本同样的性状特征，其品质与母树是一样的。

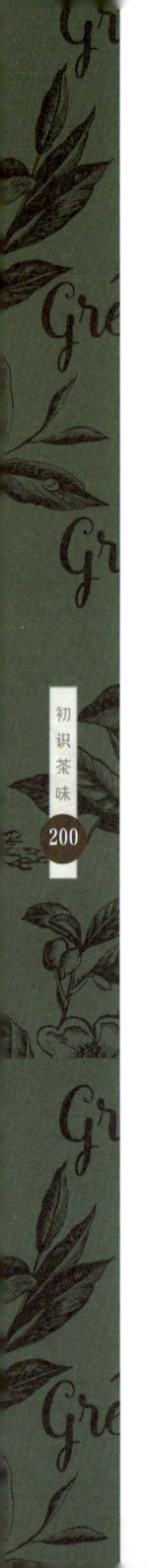

君山银针

君山银针产于湖南省岳阳市洞庭湖的君山，君山岛与千古名楼岳阳楼隔湖相对。岛上土地肥沃，雨量充沛，竹木相覆，郁郁葱葱，春夏季湖水发，云雾弥漫，非常适宜种植茶树。

君山银针是黄茶中的代表，色、香、味、形俱佳，是茶中珍品。君山银针的制作工艺非常精湛，需经过杀青、摊凉、复包、足火等八道工序，历时三四天之久。优质的君山银针茶在制作时特别注意杀青、包黄与烘焙的过程。

君山银针在历史上曾被称为"黄翎毛""白毛尖"等，后因它茶芽挺直，布满白毫，形细如针，于是得名"君山银针"，外裹一层白毫，内呈橙黄色，因此有"金镶玉"的美称，古人曾形容它如"白银盘里一青螺"。

君山银针始于唐代，清朝时被列为"贡茶"，据《巴陵县志》记载："君山贡茶自清始，每岁贡十八斤。"君山茶分为"尖茶""茸茶"两种。"尖茶"如茶剑，白毛茸然，纳为贡茶，素称"贡尖"。

贮藏：

如果是家庭用的茶叶，可以将干燥的茶叶用软白纸包好，轻轻挤压排出空气；再用细软绳扎紧袋口，将另一只塑料袋反套在外面后挤出空气，放入干燥、无味、密封的铁筒内储藏。

茶叶特点

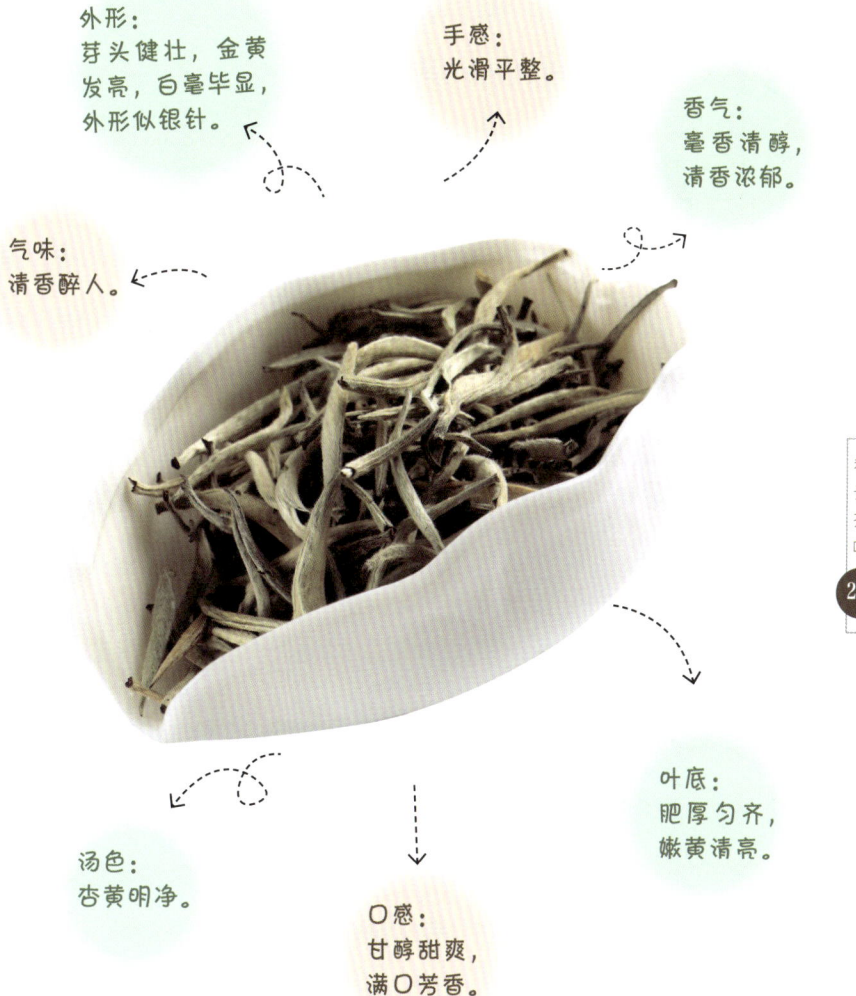

外形：
芽头健壮，金黄发亮，白毫毕显，外形似银针。

手感：
光滑平整。

香气：
毫香清醇，清香浓郁。

气味：
清香醉人。

叶底：
肥厚匀齐，嫩黄清亮。

汤色：
杏黄明净。

口感：
甘醇甜爽，满口芳香。

产地： 湖南省岳阳市洞庭湖中的君山。

君山银针推荐冲泡法

茶具： 玻璃杯，公道杯，过滤网，茶荷，茶匙，品茗杯。

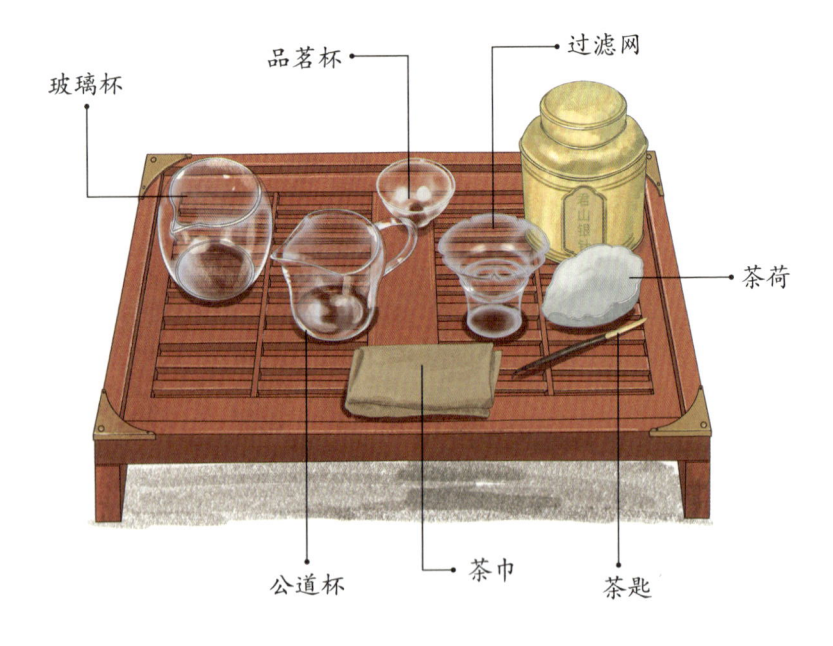

步骤：

① 温具：热水烫洗玻璃杯、公道杯、品茗杯，稍冲泡片刻，再将水倒掉，擦干玻璃杯，以避免茶芽吸水而不竖立。

② 投茶：用茶匙将君山银针投入玻璃杯中。

③ 冲茶：将80℃的水先快后慢冲入玻璃杯中至五分满，静置2分钟，使条芽湿透。继续往玻璃杯中倒入80℃的水至八分满。

④ 赏茶：约5分钟后，可见茶芽渐次直立，上下沉浮，在芽尖上有晶莹的气泡。

⑤ 分茶：将茶汤分入各品茗杯中，双手将品茗杯端给宾客。如果是自己泡茶，直接品饮即可。

君山银针小知识

Q 君山银针什么时候买好？

A 君山银针一般在清明节前4天左右开采，最迟不超过清明节后10天，产量很少，刚上市时，价格较高。

Q 君山银针和白毫银针有什么区别？

A 君山银针是黄茶类，白毫银针是白茶。君山银针的干茶芽壮挺直，满披白毫，色泽鲜亮，内呈橙黄色，汤色橙黄，香气高爽，滋味甜爽；白毫银针的干茶挺直如针，白毫密披，色泽银灰，色杏黄明亮，香气清鲜，滋味醇厚回甘。

Q 君山银针冲泡时为什么会"三起三落"？

A 将君山银针投入水中，由于茶芽吸水膨胀和重量增加不同步，会引起芽头比重瞬间变化。当最外层芽肉吸水，比重增大即下降，随后芽头体积膨大，比重变小则上升，继续吸水又下降，芽尖朝上，芽蒂朝下，上下浮动，三起三落，最后竖立于杯底。

Q 武夷岩茶的冲泡秘诀是什么？

A 品饮武夷大红袍讲究"头泡汤，二泡茶，三泡、四泡是精华"。

信阳毛尖

信阳毛尖，亦称"豫毛峰"，产自河南省南部大别山区的信阳市，产区主要分布在车云山、集云山、天云山、震雷山等山的峡谷之间。信阳毛尖谷雨前后采摘为春茶，称为"跑山尖""雨前毛尖"，是毛尖中的珍品。芒种前后采摘为夏茶，立秋前后采摘为秋茶。

信阳毛尖外形细、圆、紧、直，色泽翠绿，白毫显露香气清高，汤色嫩绿明亮，叶底嫩绿，滋味醇厚；饮后回甘生津，冲泡四五次仍然有持久的熟板栗香。以"细、圆、光、直、多白毫、香高、味浓、汤色绿"饮誉中外。

贮藏：

干燥茶叶容易吸附异味，因此存放的环境宜干燥，避免高温、光照，时时保持清洁、卫生，并远离化肥、农药、油脂以及霉变物质。

信阳毛尖宜在0~6℃的环境下保存，可放置在冰箱冷藏室里，用铁罐装好后密封起来，外裹两层塑料薄膜。

茶叶特点

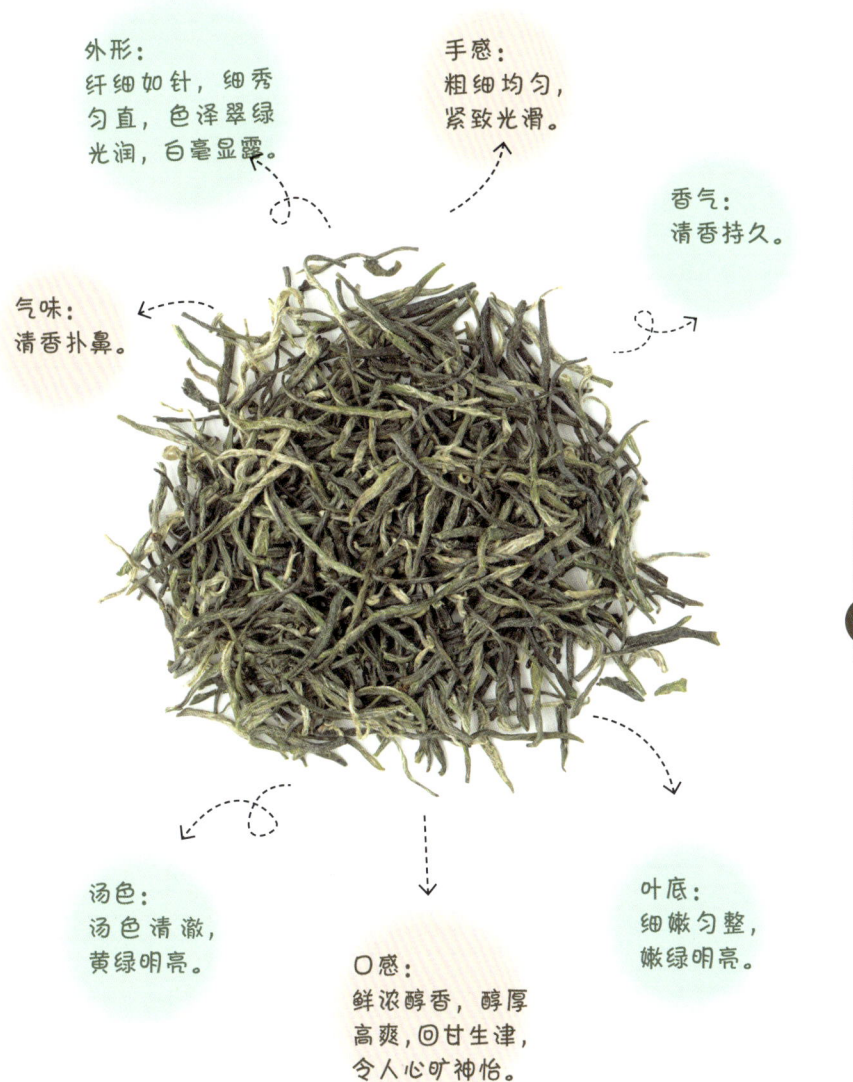

外形：
纤细如针，细秀匀直，色泽翠绿光润，白毫显露。

手感：
粗细均匀，紧致光滑。

香气：
清香持久。

气味：
清香扑鼻。

汤色：
汤色清澈，黄绿明亮。

口感：
鲜浓醇香，醇厚高爽，回甘生津，令人心旷神怡。

叶底：
细嫩匀整，嫩绿明亮。

产地： 河南省信阳市。

信仰毛尖冲泡法推荐

茶具： 茶壶，公道杯，过滤网，茶荷，茶匙，品茗杯。

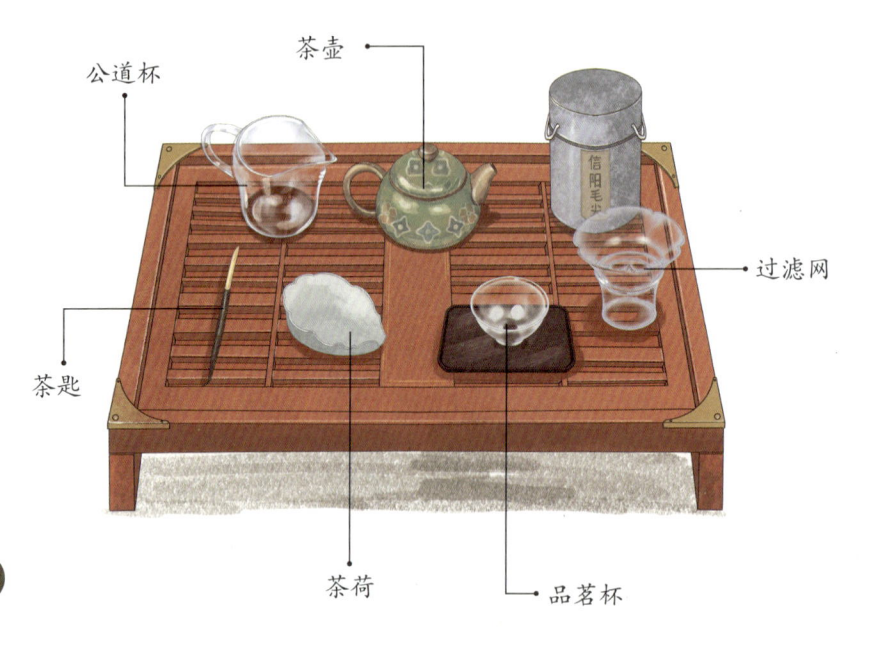

- 茶壶
- 公道杯
- 过滤网
- 茶匙
- 茶荷
- 品茗杯

步骤：

① 烫壶：将开水倒入茶壶中，去除壶内异味，有助于挥发茶香。

② 温具：用温烫过茶壶的水浸润公道杯、品茗杯，水倒掉不用。

③ 投茶：用茶匙将信阳毛尖从茶荷中投入茶壶中。

④ 冲水：将90℃的水自高向下注入茶壶，至七分满，加盖稍闷泡。

⑤ 分茶：将茶汤倒入公道杯中，分入品茗杯中。

⑥ 品饮：将品茗杯中的茶分三口品尝，入口滋味鲜醇。

信阳毛尖小知识

Q 怎么辨别信阳毛尖的新茶和陈茶？

A 信阳毛尖新茶色泽鲜亮，泛绿色光泽，香气浓爽而鲜活，白毫明显，给人以生鲜的感觉；陈茶色泽较暗，光泽发暗甚至发乌，白毫损耗多，香气低闷，无新鲜口感。

Q 信阳毛尖芽叶发黑正常吗？

A 上等信阳毛尖的干茶应该是呈翠绿色的。如果信阳毛尖的芽叶发黑，说明茶叶的品质较差，很有可能是陈茶或者是霉变茶。

Q 信阳毛尖茶汤为什么像绿豆汤？

A 信阳毛尖的特点之一是"多白毫"。信阳毛尖冲泡以后，白毫溶在了茶汤里，会形成微浑浊而鲜亮的茶汤，汤色嫩绿明亮，看起来就像是绿豆汤。信阳毛尖茶汤的特点是"香气高，滋味浓，汤色绿"。

Q 信阳毛尖喝起来发涩是为什么？

A 第一次冲泡信阳毛尖时，有点苦涩是正常的。如果第二次冲泡时，仍然有苦涩的味道、没有茶香，那么可能是假冒的。正常来说第二泡茶汤的苦涩味应该消失，变得鲜醇甘爽。

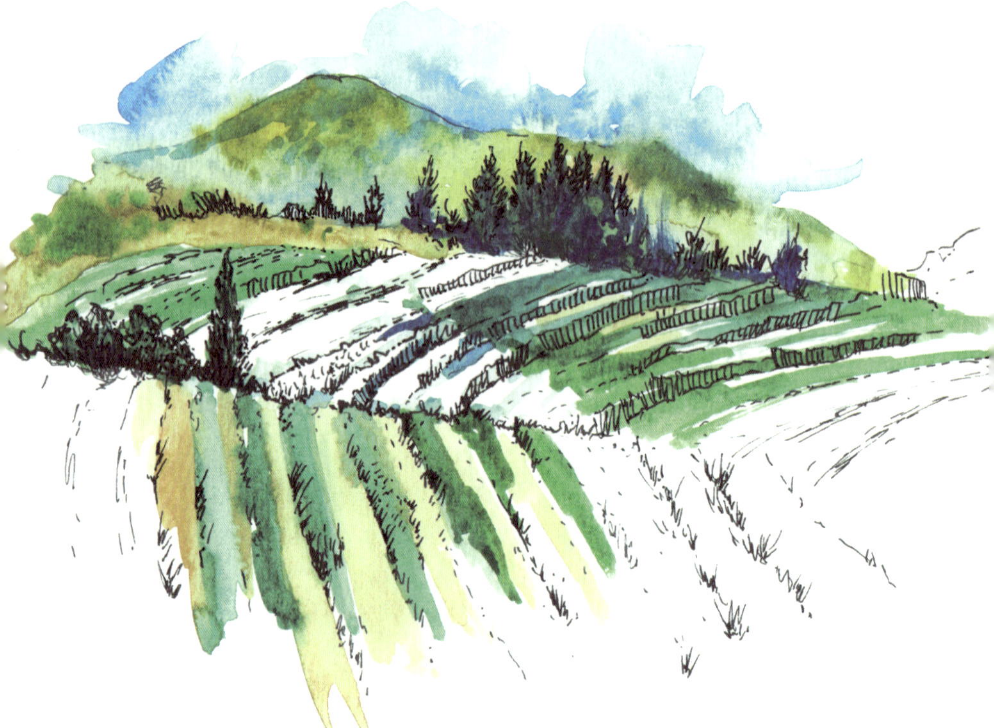